KB000721

개념 잡는
비주얼
양자역학책

개념 잡는
비주얼
양자역학책

**슈뢰딩거 고양이에서 양자중력까지
우리가 알아야 할 최소한의 양자이론 지식 50**

필립 볼, 브라이언 클레그 외 6인 지음

전영택 옮김

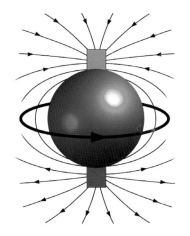

궁리
KungRee

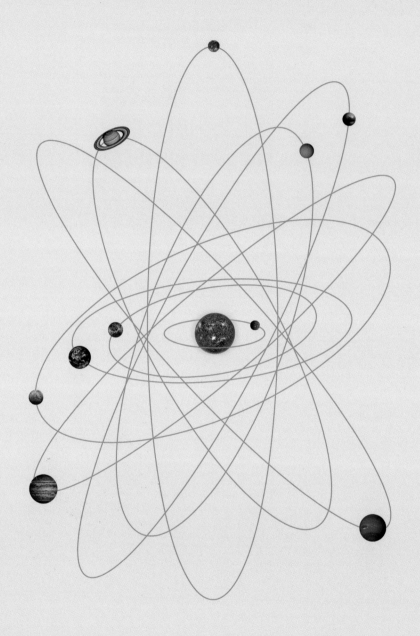

들어가기

브라이언 클레그(작가이자 《퍼퓰러사이언스》 편집자)

솔직히 말하면 학교에서 배우는 물리학은 지루하다고 느끼는 사람들이 많다. 19세기의 물리학은 분명히 그런 면이 있고, 세상을 깜짝 놀라게 할 만한 점이 거의 없다. 학생들에게 흥미로운 공부거리를 좀 더 일찍 제공하지 않는 것은 잘못이다. 그 어떤 과학 분야에서도 찾아보기 힘든 소름 끼칠 정도로 호기심을 돋우는 양자역학 말이다.

작은 물체들

물체가 작은 원자들로 구성되어 있다는 발상은 고대 그리스시대로 거슬러 올라간다. 원자를 뜻하는 atom도 '더이상 쪼갤 수 없는'이라는 뜻을 지닌 그리스어 'atomos'에서 유래되었다. 하지만 원자론자들의 주장은 만물이 흙, 공기, 불, 물로 이루어져 있다는 4원소론에 눌려서 오랫동안 변방으로 밀려나 있었다. 19세기 말에 이르러서야 비로소 원자는 화학과 물리학에서 유용한 개념으로 자리를 잡게 되었지만, 당시에도 원자의 정체와 거동에 대해서는 거의 밝혀진 것이 없었고 심지어 원자가 실제로 존재하는지 의심하는 학자들도 더러 있었다. 하지만 그 후 놀랍게도 원자의 존재가 입증되었을 뿐만 아니라, 인간에서부터 먼지덩어리까지 만물을 구성하는 요소인 이 작은 물체가 누구도 예상하지 못한 이상한 거동을 보인다는 사실이 드러났다.

처음에는 다들 원자가 크기만 작을 뿐 우리가 흔히 볼 수 있는 보통의 물체와 다를 바 없다고 생각했다. 말하자면 원자가 아주 작은 테니스 공과 같은 성질을 가졌다고 생각했던 것이다. 그런데 원자가 단일 물체가 아니라 내부구조를 가진 물체라는 사실이 밝혀졌고, +전하를 띤 몸체에 −전하가 군데군데 박힌 건포도 푸딩과 같은 구조라는 원자모델이론이 제시되었다. 그 후 원자의 대부분 질량이 중심부의 원자핵에 몰려 있다는 사실이 발견되면서, 원자가 아주 작은 태양계와 같은 구조를 갖고 있을 것이라고 추정되기도 했다.

양자혁명

고전물리학자들에게는 이러한 원자모델들이 당연한 것으로 받아들여졌겠지만, 이들 또한 오래가지 못했다. 태양계와 같은 구조의 원자는 불안정하며, 원자와 그 구성입자—양자입자—들은 테니스 공과 같은 뻔한 성질을 갖고 있지 않았다. 양자이론이 발전되면서 미시적 세계와 거시적 세계 사이에는 근본적인 차이가 있음이 분명해졌다. 테니스 공의 운동궤적은 공의 질량과 공에 가해진 힘에 의해 명확하게 결정된다. 그러나 작은 양자입자들은 그 상태가 정해지지 않으며, 어떤 상태에 있을 확률만 주어질 뿐이다. 말하자면 양자입자들의 핵심적인 성질은 무작위성이며, 관측이라는 행위가 이루어지기 전에는 그들의 상태를 정확하게 특정할 수가 없다는 것이다.

이러한 주장에 아인슈타인은 경악했다. 그는 "복사를 받은 전자가 제자리로 돌아올 시간과 방향을 스스로의 자유의지에 의해 결정한다는 이론은 도저히 받아들일 수가 없다. 만약 이것이 사실이라면, 나는 물리학자라기보다는 차라리 구두수선공이나 도박장의 직원이라고 불리는 게 낫다"라고 했으며, 그 연장선상에서 "신은 주사위 놀이를 하지 않는다"라는 유명한 말을 남겼다. 하지만 다른 사람들은 이러한 양자역학에 매료되었다.

미국의 위대한 양자물리학자인 리처드 파인만은 "나는 자연이 어떤 존재인지 설명하려고 한다―그리고 여러분이 그 설명내용에 대해 싫어하는 마음을 갖게 되면, 여러분이 이해하는 데 방해가 될 것이다. …… [양자이론은] 상식적인 관점에서 볼 때 터무니없는 방법으로 자연을 서술하고 있다. 그리고 그것은 실험결과와 정확하게 일치하고 있다. 그러니까 여러분도 자연 자체가 터무니없는 존재라는 사실을 받아들이는 게 좋을 것이다"라고 말했다. 나는 이 책이 기이하고 터무니없는 양자세계를 받아들이고 즐겼던 파인만을 되짚어보고 그 생각을 공유할 수 있는 기회를 여러분에게 제공하기를 바란다.

양자세계 쪼개 보기

전체를 쉽게 소화할 수 있는 한입 크기의 덩어리로 쪼개서 들여다보기에는 양자이론만큼 알맞은 주제도 없다. 그래서 이 책에서는 양자이론과 관련된 50개의 주제를 7개의 부문으로 나누어서 설명한다. 첫 번째 부문인 양자이론의 탄생에서는, 원자가 주변에서 흔히 볼 수 있는 보통의 물체와 다를 바 없다는 고전적 시각이 실험에 의해 배격되는 과정과, 원자가 안정된 상태를 유지할 수 있는 이유를 찾는 여러 접근방법들을 살펴본다.

그다음으로 양자이론의 본질에서는, 하이젠베르크의 불확정성 원리와 같은 양자이론의 핵심적인 개념들을 살펴본다. 이 개념들은 이미 대중화되어 있는 고전물리학의 범주를 훌쩍 넘어서는 것들이다. 이렇게 양자이론의 기본을 갖춘 다음 우리들의 일상적인 경험의 세계인 빛과 물질의 물리학의 문을 연다. 여기서 등장하는 양자전기동역학은 햇빛이 우리를 따뜻하게 해주는 원리부터 우리가 걸터앉은 의자가 부서져 내리지 않는 이유에 이르기까지 모든 것을 설명해주

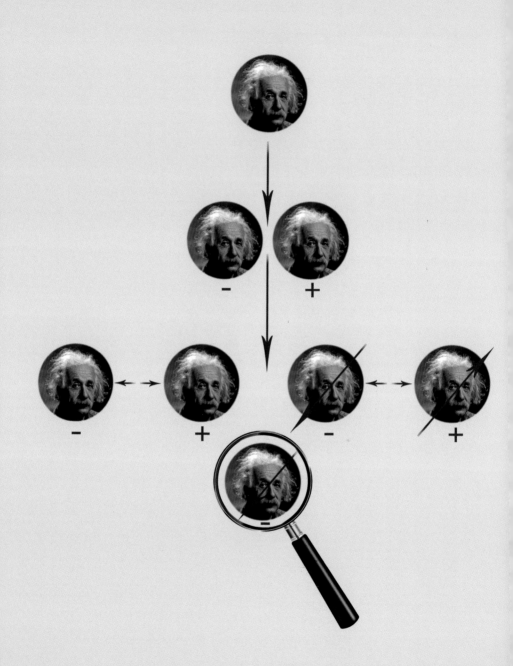

는 이론이며, 양자세계를 완전히 새로운 시각으로 바라본다. 양자전기동역학은 양자세계의 거동을 가장 정확하게 예견하는 성공적인 이론이 되고 있다.

이제 양자효과와 해석으로 옮겨서, 창문에서 반사되거나 창문을 통과하는 광자의 거동, 양자 터널링 현상, 그리고 까다로운 양자해석과 관련된 어려운 문제들을 살펴본다. 양자이론은 바로 여기서 독특한 진면목을 드러낸다. 양자이론은 관측되는 현상을 설명하는 데에는 월등하지만 이론 그 자체가 의미하는 바를 정확하게 이해하는 사람들은 그리 많지 않다. 관측되는 현상이 일어나는 이유를 설명하기 위해 코펜하겐 해석, 다세계 해석, 봄 해석과 같은 이론적 틀들이 제시되고 있는데, 아직은 이들 간의 과학적 차이를 구별할 방법이 없다. 그래서 선택도 확실한 과학적 논거보다는 개인적인 선호에 따라 이루어지는 경우가 많다.

다음으로, 양자이론의 가장 주목할 만한 현상인 양자 얽힘에 대해 살펴본다. 아인슈타인이 양자이론을 비판하며 '유령원격작용'이라고 불렀던 양자 얽힘은, 두 개의 양자입자가 서로 아무리 멀리 떨어져 있더라도 한 입자가 다른 입자에 즉각적으로 영향을 미칠 수 있는 상태를 말한다. 이는 빛의 속도를 한계속도로 설정한 특수상대성이론과 분명히 모순된다. 하지만 거듭된 실험에서 양자 얽힘 현상의 존재가 계속 확인되었고, 양자암호와 양자컴퓨터도 이 현상에 기반을 두고 추진되고 있다.

마지막 두 부문에서는 양자이론에 바탕을 두고 개발된 기술이 우리의 일상생활에서 활용되고 있는 사례와, 장차 양자물리가 가져올 최첨단 기술들의 가능성을 살펴본다. 양자 응용사례에서는 레이저, 트랜지스터, MRI 스캐너 등의 사례를 만나본다. 우리가 전기를 사용할 때는 언제나 양자현상을 이용하고 있는 셈이다. 전자공학은 양자이론의 잘 알려진 지식을 기술적 디자인의 중요한 요소로 만들었으며, 선진국의 경우 GDP의 약 3분의 1이 양자이론에서 나온 기술로부터 생산되고 있는 것으로 평가되고 있다.

양자이론의 극한에서는 영점에너지와 비주류과학의 신비한 비밀들을 들여다본다. 여기서는 진공조차도 빈 공간이 아님을 의미하는 양자효과, 극도로 낮은 온도에서 나타나는 특이한 현상을 만나게 될 것이며, 양자이론이 원자핵과 중력, 생물학까지도 그 영역을 확장해가고 있다는 사실도 알게 될 것이다.

첨언

각 주제에는 흥미로운 그림이 곁들여져 있어서 다가가기가 한층 쉬울 것이다. '30초 본문'은 주요 내용을 간추려서 설명할 것이며, '3초 요약'은 본문의 핵심적인 내용을 요약해서 제공하고 '3분 보충'은 본문 내용 중에서 흥미를 끌 만한 부분에 대해 추가적인 정보를 제공한다. 관련 주제에는 본문 내용과 자연스럽게 연결되는 주제들을 모았으며, '3초 인물 소개'는 해당 영역의 발전에 핵심역할을 한 인물들을 짧게 소개한다.

양자이론을 다루는 이 책은 구조 자체가 양자화되어 있다. 즉 마음을 사로잡는 매혹적인 주제들로 나뉘어 있어서 여러분이 골라서 즐기고 습득할 수 있도록 구성되어 있다. 우리가 보고 행하는 모든 것들은 그 중심에 양자입자들이 자리잡고 있다. 하지만 이들 입자들의 거동은 우리가 직접 경험한 그 어떤 것과도 너무 다르다. 이것이 양자이론의 역설인 동시에 흥미로운 점임을 여러분은 곧 알게 될 것이다.

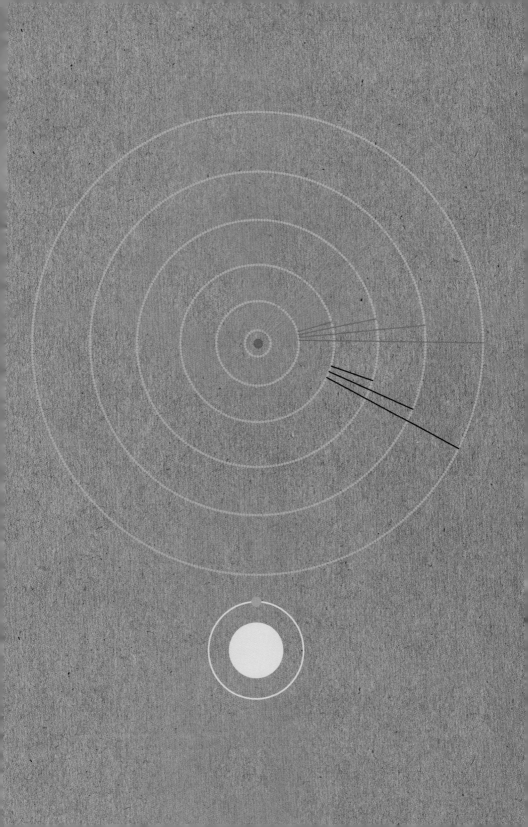

차례

양자이론의 탄생

양자이론의 탄생
용어해설

광자 빛의 양자로서 전자기력을 실어나르는 운반체. 20세기까지는 빛을 파동으로 생각했으나, 이론과 실험을 통해 빛이 파동일뿐 아니라 질량이 없는 입자라는 사실이 밝혀졌다.

렙톤 양자스핀값이 2분의 1인 소립자. 렙톤 중에서 가장 많이 알려진 입자가 전자이며, 그 외에 뮤온, 타우, 중성미자(세 가지 형태)가 이에 속한다.

블랙홀 물질이 극도로 밀집되어 있어서 중력에 의해 한 점으로 붕괴되고 있는 천체. 주로 거대한 별이 붕괴될 때 형성된다. 블랙홀의 바깥 경계선을 '사건의 지평선'이라고 하며, 이 경계선 내의 물질은 빛을 포함해서 아무것도 빠져나올 수 없다. 블랙홀 자체는 부피가 0이고 밀도가 무한대인 특이점이다.

상보성 양자이론에서는 측정이라는 행위가 결과에 영향을 미친다. 예를 들면 어떤 방식으로 관측하느냐에 따라 빛은 파동이 될 수도 있고 입자가 될 수도 있다. 그러나 이들 두 가지 형태가 동시에 나타날 수는 없다. 상보성은 둘 중 어느 것도 실체가 아니지만, 실험방식에 따라 그중 하나의 형태만 탐지될 수 있다는 의미이다.

양자 양자를 뜻하는 quanta는 '어느 만큼의 양'을 뜻하는 라틴어로서, 물질이나 에너지의 최소단위인 입자 또는 '다발'을 말한다. 그리고 '양자이론'은 물질 및 빛 입자의 거동을 기술하는 이론이다. 어떤 값이 '양자화'되면 그 값은 불연속적인 값이 된다. 예를 들어 가족당 평균아이의 수는 2.3명이 될 수 있지만, 아이들은 양자화되어 있기 때문에 실제로 한 가족은 자연수의 아이들만 가질 수 있다.

양자뜀 통상 아주 큰 변화를 의미하는 말로 널리 쓰이지만, 사실은 작은 점프—양자화된 두 에너지준위 사이의 이동—를 말한다. 전자가 인접한 궤도 사이를 점프하는 경우를 예로 들 수 있다.

진동수 반복적인 현상이 1초 동안 나타나는 횟수. 주로 파동에 사용되는 용어이며, 1초에 파동이 만들어내는 사이클의 수를 말한다. 단위는 헤르츠(Hz)이며, 1Hz는 1초에 1사이클이다. 파동의 진동수는 파동의 속도를 파장으로 나눈 값이다. 양자물체의 경우 진동수는 그 물체의 에너지에 비례한다.

파장 한 사이클이 지나면 그 사이클의 출발점으로 되돌아오는 반복적인 파동의 길이. 파장은 속도를 진동수로 나눈 것이다.

플랑크 관계식 광자의 에너지와 진동수 사이의 관계를 나타내는 식으로서, $E=hv$이다. E는 에너지, h는 플랑크상수, v는 진동수이다.

플랑크상수 광자의 에너지와 진동수 사이의 관계를 나타내는 플랑크 관계식에서 플랑크가 h로 표기한 상수. 양자물리계의 에너지가 덩어리 형태로 작용한다는 플랑크의 양자설에서 최소단위의 작용량인 '작용양자'를 뜻하며, 아주 작은 값으로 6.6×10^{-34}J·s이다.

호킹복사 스티븐 호킹이 예견한 양자역학적 현상으로서, 우주공간에서 짧은 시간 동안 가상입자들이 생성되고 소멸되는 과정에서 나타난다. 통상 가상입자들은 흔적을 남기지 않지만, 블랙홀의 사건의 지평선 근처에서는 생성된 두 입자 중 한 입자가 블랙홀 안으로 끌려 들어가고 다른 입자는 밖으로 나오며 복사에너지를 방출한다(그래서 블랙홀은 실제로는 검지 않다). 호킹복사는 흑체복사의 일종으로서, 블랙홀은 그 질량에 반비례하는 온도를 가진 흑체의 복사와 동일하다.

흑체 들어오는 빛을 진동수와 방향에 관계없이 모두 흡수하는 가상적인 물체. 흑체는 빛 스펙트럼을 방출하는데, 이 스펙트럼은 오로지 온도에 따라 달라지며 흑체의 성질과는 무관하다.

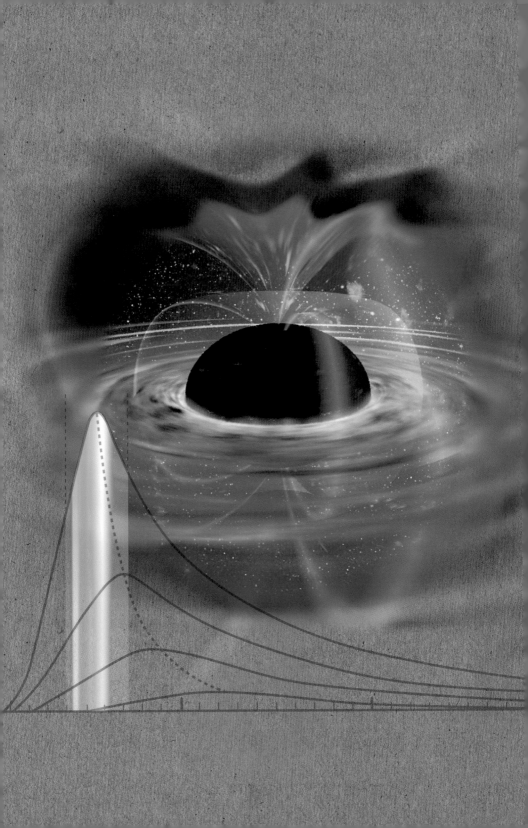

자외선 파탄

THE ULTRAVIOLET CATASTROPHE

30초 저자
필립 볼

관련 주제
플랑크의 양자
21쪽
아인슈타인의 광전효과
23쪽

3초 인물 소개

막스 플랑크
1858~1947
20세기 초 독일 물리학계
를 이끈 대표적인 독일 물
리학자.

빌헬름 빈
1864~1928
흑체복사 스펙트럼에서
파장에 따른 에너지의 분
포는 흑체의 온도에 따라
달라진다는 사실을 실험
적으로 밝혀낸 독일 물리
학자.

양자역학의 역사는 소위 자외선 파탄 문제에서 시작되었고, 이 문제 해결에 중요한 역할을 했다. 19세기 말 물리학자들은 '흑체'—빛을 완전히 흡수하는 가상적인 물체—에서 방출되는 전자기에너지의 분포를 이론적으로 설명하려고 애썼다. 그런데 몇몇 과학자들이 내놓은 이론은 스펙트럼 상의 자외선 부분—가시광선보다 파장이 짧은 전자기파—에서 에너지가 무한히 증가되는 오류가 나타났다. 이를 자외선 파탄 문제라고 한다. 무한한 양의 에너지가 방출된다는 것은 분명히 잘못된 일이었지만, 고전물리로는 이 문제가 해결되지 않았다. 1900년에 막스 플랑크는, 흑체 내에서 진동하는 원자가 에너지를 불연속적인 다발의 형태로 방출하며 그 크기는 원자의 진동수에 비례한다고 가정했다. 즉 $E=hv$인데 여기서 E는 에너지, v는 진동수이고, h는 비례상수로서 플랑크상수로 불린다. 이렇게 함으로써 플랑크는 흑체복사 스펙트럼 상의 에너지분포를 완벽하게 설명할 수 있었고, 자외선 파탄 문제도 해결할 수 있었다. 플랑크는 에너지 다발에 '양자'라는 이름을 붙였다. 플랑크는 자신이 만들어낸 양자에 대해 어떤 생각을 가졌을까? 플랑크 자신은 이 아이디어가 수학적인 해결방법일 뿐이고 실제로 존재하는 실체라고는 생각하지 않은 듯하다. 어쨌든 양자의 개념은 흑체 내의 원자의 진동에너지를 진동수에 비례하여 나눠줌으로써, 흑체에서 방출되는 에너지를 낮춰서 자외선 파탄 문제를 해결할 수 있었다. 플랑크는 그 공로로 1918년에 노벨상을 수상했다.

3초 요약
에너지가 양자화(덩어리로 분리)된다는 플랑크의 가설은 흑체복사에 대해 고전물리가 야기한 자외선 파탄 문제를 해결했다.

3분 보충
완전한 흑체는 기이하고 이색적인 물체처럼 생각되겠지만, 사실은 온도에 따라 변하는 물체를 이상화한 것이다. 전열기가 가열될 때 볼 수 있듯이, 물체가 뜨거워질수록 짧은 파장의 복사를 더많이 방출한다는 것은 잘 알려진 사실이다. 이것은 별의 경우에도 마찬가지다. 블랙홀도 호킹복사의 형태로 흑체복사를 방출한다. 블랙홀은 그 질량에 반비례하는 온도를 가진 흑체처럼 거동한다.

빛이 양자화되어
있지 않다면,
흑체는 무제한으로
복사에너지를
방출해야 한다.

플랑크의 양자

PLANCK'S QUANTA

1890년대 후반에 독일의 어느 전구 제조업자가 젊은 물리학자인 막스 플랑크에게 전구 속의 뜨거운 필라멘트에서 방출되는 에너지를 계산해 달라고 부탁했다. 플랑크는 이 일을 하는 과정에서 당시 물리학자들이 풀지 못하고 있던 문제에 봉착했다. 당시 흑체에서 방출되는 빛의 에너지는 파장에 따라 특정한 분포를 보이며, 이는 온도에 따라 달라진다는 사실이 알려져 있었다. 그런데 많은 과학자들의 노력에도 불구하고 이 에너지분포를 설명할 수 있는 이론이 제시되지 못하고 있었다. 플랑크는 당시의 물리학이론이 제공하는 모든 방법을 다 동원해보았지만 아무런 소용이 없었다. 그는 스스로 '절망적인 행동'이라고 불렀던 마지막 방법으로, 뜨거운 물체에서 나오는 빛이 수도꼭지에서 흐르는 물처럼 연속적으로 방출되는 것이 아니라 수도꼭지에서 뚝뚝 떨어지는 물처럼 작은 덩어리의 형태로 방출된다는 개념을 도입했다. 이 덩어리가 바로 양자인데, 플랑크는 이것을 처음에는 '에너지 구성단위'라고 불렀다. 또한 플랑크는 이 덩어리 형태의 에너지가 파장에 반비례한다고 가정했다. 말하자면 가장 짧은 파장의 양자가 가장 큰 에너지를 갖는 것이다. 양자의 파장과 에너지 사이의 관계를 나타내는 방정식은 플랑크 관계식으로 알려지게 되었다. 플랑크는 뜨거운 물체에서 방출되는 빛 에너지의 분포에 양자개념을 적용하여 계산했는데, 그 결과는 실제 측정치와 정확하게 맞아떨어졌다.

관련 주제

자외선 파탄
19쪽

아인슈타인의 광전효과
23쪽

발머의 스펙트럼
25쪽

보어의 원자
27쪽

3초 인물 소개

닐스 보어

1885~1962

양자이론의 선구자이며, 아인슈타인과 자주 대립했던 덴마크의 물리학자.

플랑크는 빛을 연속적인 파동이 아니라 독립적인 덩어리, 즉 양자라는 상상을 했다.

30초 저자

알렉산더 헬레만

3초 요약

플랑크는 에너지의 양자화를 발견했다. 즉 에너지는 불연속적인 다발의 형태(양자)로 물체에 흡수되거나 방출된다는 것이다. 이것은 물리학에 혁명을 불러왔다.

3분 보충

플랑크는 처음에 양자를 단순히 수학적 처리방법으로만 여겼고, 물리학자들도 양자개념에 별 관심을 두지 않았다. 하지만 1905년 아인슈타인이 빛에 플랑크의 양자개념을 적용하여 광전효과를 설명하면서 주목을 받게 되었다. 뒤이어 보어가 원자핵 주위의 전자의 궤도들이 띄엄띄엄 떨어져 있으며, 전자가 궤도를 바꿀 때마다 두 궤도 간의 에너지 차이에 해당하는 광자를 방출하거나 흡수한다는 사실을 밝히면서, 양자는 실재하는 물리적 성질임이 분명해졌다.

아인슈타인의 광전효과

EINSTEIN EXPLAINS THE PHOTOELECTRIC EFFECT

30초 저자
필립 볼

3초 인물 소개
필립 레나드
1862~1947
독일의 실험물리학자로서 1905년에 노벨상을 수상. 나치 동조자였으며, 아인슈타인의 업적을 '유대인 물리학'이라고 비하했다.

알베르트 아인슈타인
1879~1955
특수 및 일반상대성이론을 제창하고 양자이론의 탄생에 기여한 독일 태생의 물리학자.

아인슈타인은 광전효과 실험에서 전자를 방출시키는 것은 빛 양자가 갖고 있는 에너지임을 간파했다.

3초 요약
아인슈타인은 빛이 광자라는 에너지 다발로 이루어져 있다고 가정함으로써 광전효과의 수수께끼를 해결할 수 있었다.

3분 보충
밀리칸은 아인슈타인의 이론을 검증하기 위해 극도로 깨끗한 금속전극이 요구되는 어려운 실험에 10년 동안 매달렸다. 하지만 그 이유는 아인슈타인의 이론이 틀렸음을 입증하기 위해서였다. 밀리칸의 실험으로 아인슈타인의 이론이 옳다는 것이 확인되었음에도 그는 "만족할 만한 이론적 근거"가 부족하다며 믿지 않았다. 혁명적인 아이디어는 종종 이런 경우를 겪는다.

광전효과에 대한 이론적 근거를 제시했던 1905년 당시 아인슈타인은 끊임없이 혁명적인 아이디어들을 쏟아내고 있었다. 5년 전인 1900년에 플랑크는 물체에서 방출되는 전자기복사가 에너지 덩어리─'양자'─의 형태로 이루어져 있으며, 그 에너지는 진동수에 비례한다는 가설을 내놓았는데, 플랑크는 자신의 가설이 흑체복사의 에너지분포를 설명하기 위한 수학적 묘안이라고만 생각했다. 하지만 아인슈타인은 에너지의 양자화가 흑체복사 문제를 해결하기 위한 기발한 방법에 불과한 것이 아니라, 빛 그 자체의 근본성질이라고 생각했다. 즉 빛은 연속적인 에너지의 흐름이 아니라 광자라는 에너지 다발의 불연속적인 흐름이라는 것이다. 당시의 과학자들 대부분은 이 개념을 받아들이지 않았다. 그래서 아인슈타인은 자신의 가설을 입증할 실험적 방법을 제안했다. 1900년대 초 필립 레나드가 금속조각에 빛을 쪼이면 전자가 방출되는 광전효과를 발견했는데, 여기에 이상한 점이 있었다. 파장이 같을 경우, 빛을 더 많이 쪼여도 방출되는 전자의 에너지는 변화가 없고 방출되는 전자의 수만 증가할 뿐이었다. 그런데 아인슈타인의 이론에 따르면 이 문제가 해결될 수 있다. 더 밝은 빛을 쪼이더라도 광자의 에너지는 동일하고 광자의 수만 많아지기 때문에, 방출되는 전자 역시 수만 증가할 뿐 그 에너지는 동일하다. 광전효과에 대한 아인슈타인의 예견은 로버트 밀리칸에 의해 실험적으로 확인되었고, 아인슈타인은 그 공로를 인정받아 1921년에 노벨물리학상을 수상했다.

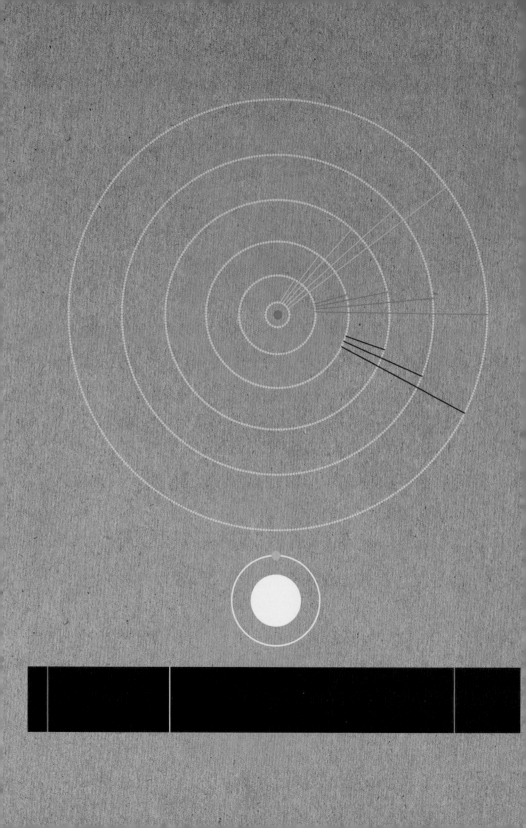

발머의 스펙트럼

BALMER'S PREDICTABLE SPECTRUM

30초 저자
브라이언 클레그

관련 주제
자외선 파탄
19쪽

보어의 원자
27쪽

디랙 방정식
63쪽

3초 인물 소개
요한 제이콥 발머
1825~1898
스위스의 중등교사. 바젤 대학에서 수학 시간강사로 활동.

레온 로젠펠드
1904~1974
벨기에의 양자물리학자이자 현대 물리학사 기록가로서 렙톤계열 입자의 이름을 작명.

전자의 궤도가 양자화되어 있다면, 전자가 이 궤도들 사이를 점프할 때 특정 색깔의 빛이 방출될 것이다.

원자가 양으로 하전된 중심핵과 음인 전자로 구성되어 있다는 사실이 밝혀지면서, 안정성이 유지될 수 있는 원자의 구조를 규명하는 것이 20세기 초 물리학계의 화두였다. 닐스 보어는 원자의 양자모델을 연구하던 1913년 2월에, 28년 전 요한 발머라는 중학교 교사가 발표했던 연구결과에 대해 알게 되었다. 발머가 수소원자에서 방출되는 스펙트럼선의 위치를 예측하는 공식을 발견했었다는 사실을 동료인 한스 한센에게서 들었던 것이다. 원소에 열을 가할 때 나오는 스펙트럼은 색깔이 연속적으로 배열되어 있는 것이 아니라 가느다란 선으로 이루어져 있다. 발머는 수소원자의 스펙트럼에서 선들 간의 간격에 일정한 규칙성이 있음을 발견했고, 이를 이용하여 스펙트럼선들의 위치와 진동수를 계산하는 간단한 공식을 만들어냈다. 이 사실을 알기 전까지는 보어는 원자에서 방출되는 빛의 진동수가 전자의 진동 또는 공전 빈도와 일치한다고 생각했으며, 이것이 당시의 정설이었다. 하지만 발머의 공식을 알고난 후 보어는 원자 속의 전자들이 특정 에너지를 가진 궤도들에만 존재한다는 원자모델을 제시했다. 즉 전자의 궤도들이 양자화되어 있다는 것이다. 보어가 제안한 전자의 양자화된 궤도들 사이의 에너지 차이는 발머의 공식에서 계산된 스펙트럼선의 진동수와 일치했다. 보어의 새로운 원자모델은 원자가 안정적인 구조를 유지하는 이유와, 원자에서 방출되는 빛이 스펙트럼 상의 특정 지점에 위치하는 이유를 설명할 수 있게 되었다.

3초 요약
닐스 보어는 오래전에 발표된 공식을 우연히 발견함으로써 새로운 원자모델을 만들어 원자의 안정성과 원자에서 방출되는 광자의 에너지를 모두 설명할 수 있게 되었다.

3분 보충
보어는 동료 물리학자인 레온 로젠펠드에게 "발머의 공식을 보자마자 모든 것이 명료해졌다네…… 난 스펙트럼 공식에 대해 전혀 몰랐네. 그걸 보았을 때…… 수소원자의 스펙트럼에 이렇게 단순한 법칙이 있었다는 걸 알게 됐다네"라고 말했다. 이 공식은 보어가 학생 시절에 공부한 교과서에 실려 있었지만 보어는 보지 못했던 것 같다. 한센의 우연한 말 한마디는 보어가 원자이론에 중요한 기여를 할 수 있는 계기가 되었다.

보어의 원자

BOHR'S ATOM

30초 저자
브라이언 클레그

3초 인물 소개
조셉 존 톰슨
1856~1940
전자를 발견한 영국 물리학자.

어니스트 러더퍼드
1871~1937
방사성물질의 반감기와 원자핵을 발견한 뉴질랜드 태생의 영국 물리학자.

1911년 닐스 보어는 1년간 공부를 위해 영국으로 건너갔다. 당시에는 원자의 구조가 아직 밝혀지지 않았는데, 보어는 어니스트 러더퍼드의 연구실이 있는 맨체스터대학으로 옮긴 후 원자모델 연구를 시작했다. 보어의 목표는 원자핵과 전자들이 안정적인 상태를 유지할 수 있는 원자구조를 찾아내는 것이었다. 처음에는 보어는 전자들이 용수철 같은 것으로 원자핵에 연결되어 진동하고 있고, 그 진동수는 플랑크가 제시했던 양자개념에 의해 정해진다는 원자모델을 제안했다. 그러나 이 원자모델은 실험결과와 일치하지 않았다. 전자들이 각각 어느 곳에 고정된 상태로는 안정적인 구조가 유지될 수 없다는 것은 이미 알려진 사실이었다. 전자들이 태양계의 행성들처럼 원자핵 주위를 공전한다는 모델도 문제가 있었다. 하전된 물체가 궤도운동과 같은 가속운동을 하면 전자기복사를 방출한다. 그래서 원자핵을 중심으로 공전하는 전자는 에너지를 계속 잃으면서 나선 형태로 선회하며 원자핵을 향해 떨어질 것이며, 결국에는 원자핵과 충돌하여 파괴되어버릴 것이다. 이러한 문제를 피하기 위해 보어는 전자들이 오로지 띄엄띄엄 떨어져 있는 고정된 궤도들 속에서만 존재할 수 있다는 원자모델을 제시했다. 즉 전자 궤도들이 양자화되어 있다는 것이다. 보어의 원자모델에 따르면 전자들은 이 궤도에서 저 궤도로 점프할 수는 있지만, 궤도들 사이의 공간에는 존재할 수 없다.

3초 요약
보어의 원자모델에서는 전자들이 원자핵 쪽으로 떨어져 파괴되는 것을 막기 위해 전자들을 고정된 궤도들 속에 두었다.

3분 보충
보어의 사고에 강한 영향을 미친 것은 원자가 빛을 양자 형태로 방출한다는 생각이었다. 보어는 이것을 '플랑크와 아인슈타인이 제시한 복사 메커니즘'이라고 불렀다. 보어는 고정된 궤도들에 전자들을 위치시킴으로써, 전자가 에너지 준위가 높은 궤도로 뛰어 오를 때 흡수하고 준위가 낮은 궤도로 뛰어 내릴 때 방출하는 광자의 에너지를 궤도들 간의 에너지 차이와 같게 만들 수 있었다.

**보어의 원자모델에서는 전자들이, 행성과는 달리,
특정한 궤도들에서만 움직이며 궤도들 사이의 공간에는 있을 수 없다.**

1885년 10월 7일
덴마크 코펜하겐에서,
코펜하겐대학 생리학 교수였던
아버지 크리스찬 보어와
유대인이었던 어머니 엘렌
아들러의 아들로 출생

1908년
표면장력에 관한 논문을
왕립학회 저널에 발표.
이 논문으로 왕립학회의
금메달을 수상하다

1911년
코펜하겐대학에서 박사학위를
취득하다

1911~1912년
영국 케임브리지대학과
맨체스터대학에서 1년간
공부하며 원자의 양자모델에
관심을 갖다

1912년
마르그레테 뇌르룬트와 결혼.
그녀는 보어의 비서가 되다

1913년
'보어의 원자' 모델을 발표하다

1913년
코펜하겐대학의 물리학 강사가
되다

1914년
맨체스터대학의 물리학 강사가
되다

1916년
코펜하겐대학의 이론물리학
교수가 되다

1920년
코펜하겐대학의
이론물리학연구소 소장에
임명되다

1922년
원자구조에 대한 연구 공적으로
노벨물리학상을 수상하다

1920년대 중반
소위 코펜하겐 해석이라는 현대
양자역학이론을 둘러싸고
보어와 아인슈타인 사이에
치열한 논쟁이 전개되다

1931년
코펜하겐 발비에 있는 칼스버그
대저택으로 가족과 함께
이사하다

1930년대 초
원자핵에 관심을 갖다

1943년
독일 경찰의 체포를 피하기
위해 스웨덴으로 탈출한 후
영국을 거쳐 미국으로
도피하다. 원자폭탄 프로젝트의
자문역할을 하다

1962년 11월 18일
코펜하겐에서 사망

1965년
덴마크의 이론물리학연구소가
닐스보어연구소로 개명되다

1997년
107번 원소를 보륨으로
명명하다

닐스 보어

닐스 보어는 금속 내 전자이론에 대한 참신한 연구로 코펜하겐대학에서 박사학위를 받아 깊은 인상을 주었지만, 1911년 공부를 위해 1년간 영국으로 떠난 것이 그의 경력을 크게 바꿔놓았다. 처음에 그는 케임브리지대학으로 가서 전자의 발견자인 톰슨 밑에서 공부했다. 톰슨과의 첫만남에서 보어는 그의 저서 중 하나에 실수가 있었다고 지적했고, 그 때문에 둘 사이의 관계가 소원해졌던 것 같다. 얼마 지나지 않아 보어는 맨체스터대학의 어니스트 러더퍼드 연구팀으로 초청을 받았고, 여기서 그는 러더퍼드가 발견한 원자핵에 근거해서 새로운 양자이론에 입각한 원자모델을 만들었다. 원자의 양자모델에 대한 논문을 발표한 이후 그는 곧장 앞으로만 나아갔다.

보어는 뛰어났지만 신중한 사색가였다. 그는 자신의 아이디어를 구체화하는 데 많은 시간을 쏟았으며, 함부로 입을 여는 법이 없었다. 그의 동료인 제임스 프랑크는 이렇게 말했다: '보어의 표정이 멍해졌고 팔다리는 축 늘어져 흔들거렸다. 그 모습을 본 사람들은 보어가 장님이 아닌가 의심했을 것이다. 바보임에 틀림없다는 생각까지 들었을 것이다. 보어는 그렇게 죽은 시체처럼 늘어져 있다가, 갑자기 번뜩이는 아이디어가 머릿속에 떠오르면 "이제 알았어"라고 말하곤 했다.'

보어는 양자이론 발전의 중심에 서 있었고, 그 주변에 슈뢰딩거, 드브로이, 하이젠베르크가 있었다. 그는 원자, 전자, 광자의 거동을 기술하는 양자이론의 본질에 대해 아인슈타인이 제기한 우려를 해소시키는 데 큰 역할을 했다. 아인슈타인은 양자이론의 핵심이 확률이라는 점을 싫어했다. 그래서 양자이론의 결점을 증명하기 위해 복잡한 사고실험들을 준비했다가 컨퍼런스에서 보어를 만날 때면 덫을 놓곤 했다. 그러면 보어는 통상 하루 정도 생각한 후에 해결책을 들고 다시 나타났다.

보어는 여러 해 동안 코펜하겐대학의 이론물리학연구소를 이끌면서 양자이론의 특성을 연구했으며, '상보성'이라는 아이디어를 고안해냈다. 상보성은 양자입자를 관측하는 방법이 필연적으로 관측결과에 영향을 미친다는 개념이다. 1931년에 그는 칼스버그의 대저택으로 가족과 함께 이사를 했다. 칼스버그 맥주회사의 창업주인 칼 제이콥슨의 집인 이 저택은 덴마크를 크게 빛낸 사람에게 주도록 기부가 되어 있었다.

1930년대 중반에 보어는 칼 폰 바이츠제커의 '물방울' 모델—양성자와 당시 새로 발견된 중성자로 구성된 원자핵을 압축 불가능한 액체로 취급하는 이론—을 확장해서 원자핵의 결합에너지를 예견했는데, 이는 핵분열 연구팀에게는 중요한 개념이었다. 어머니가 유대인이었던 보어는 덴마크가 나치에 점령당하면서 위험에 처하게 되어 영국으로 피신했다가 다시 미국으로 건너갔다. 보어는 때때로 이해하기 어렵고 내성적이었지만, 그의 업적은 많은 학생들이 물리학으로 몰리는 계기가 되었다.

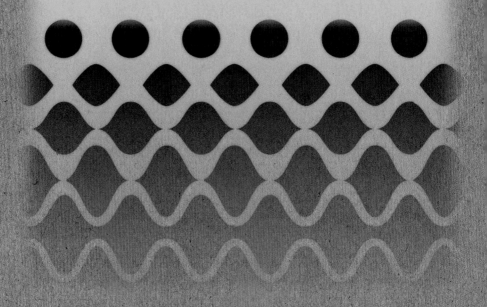

파동-입자의 이중성

WAVE-PARTICLE DUALITY

관련 주제
플랑크의 양자
21쪽

아인슈타인의 광전효과
23쪽

보어의 원자
27쪽

드브로이의 물질파
33쪽

3초 인물 소개
에르빈 슈뢰딩거
1887~1961
파동역학의 선구자인 오스트리아 물리학자.

루이 드브로이
1892~1987
입자도 파동으로 거동할 수 있음을 밝힌 프랑스 물리학자.

**양자 물체는
측정방법과
처리과정에 따라
파동 또는 입자로
나타날 수 있다.**

1905년에 아인슈타인은 빛이 입자로 구성되어 있다고 가정함으로써 광전효과—금속의 표면에 빛을 쪼이면 전자가 방출되는 현상—를 설명했다. 즉 하나하나의 빛 입자들이 총알처럼 금속 내의 전자들을 때려서 튕겨낸다는 것이다. 아인슈타인은 이 빛 입자가 플랑크가 발견한 양자임을 깨달았으며, 후일 이 빛 입자는 광자라고 불리게 되었다. 하지만 빛은 파동이 갖고 있는 성질인 회절이나 간섭현상을 보여준다. 회절은 CD 표면에서 볼 수 있듯이 백색광이 굴절되어 무지개 색깔로 펼쳐져 보이는 현상이며, 간섭은 이중 슬릿을 통과한 두 줄기의 빛이 서로 상쇄되거나 증폭되는 현상이다. 빛 입자라는 개념은 이처럼 빛이 보여주는 파동적 성질과 배치되었고, 아인슈타인의 주장은 빛이 파동이면서 입자라는 의미여서 많은 논란을 불러왔다. 아인슈타인 또한 이러한 모순의 해결점을 찾기 위해 고심했다. 그런데 1924년에 루이 드브로이는, 광자가 입자와 파동의 두 가지 성질을 보인다면 전자와 같은 입자의 경우에도 동일한 결과가 성립해야 한다고 제안했다. 이것을 드브로이의 물질파이론이라고 한다. 에르빈 슈뢰딩거는 곧바로 드브로이의 아이디어를 받아들여서 원자 속의 전자를 파동으로 보고 그 파장을 계산했다. 그리고 1927년에 조지 패짓 톰슨과 클린턴 데이비슨이 전자빔을 얇은 금속 박막에 통과시켜 동심원 형태의 회절 무늬를 관측했으며, 이로써 드브로이의 이론이 입증되었다.

30초 저자
알렉산더 헬레만

3초 요약
드브로이는 입자는 파동처럼, 파동은 입자처럼 거동할 수 있다고 가정함으로써 양자이론의 골치아픈 역설을 해결했다.

3분 보충
실험과학자들은 빛의 성질이 입자 또는 파동으로 관측될 수는 있지만, 동시에 입자와 파동일 수는 없다는 사실을 발견했다. 보어는 이러한 사실을 바탕으로 상보성원리를 제창했다. 즉 빛은 광전효과처럼 그 에너지를 측정할 때는 입자의 성질을 보이지만, 회절실험의 경우에는 파동의 성질을 나타낸다는 것이다. 상보성원리는 하이젠베르크의 불확정성원리와 함께 양자역학에 대한 코펜하겐 해석의 토대가 되었다.

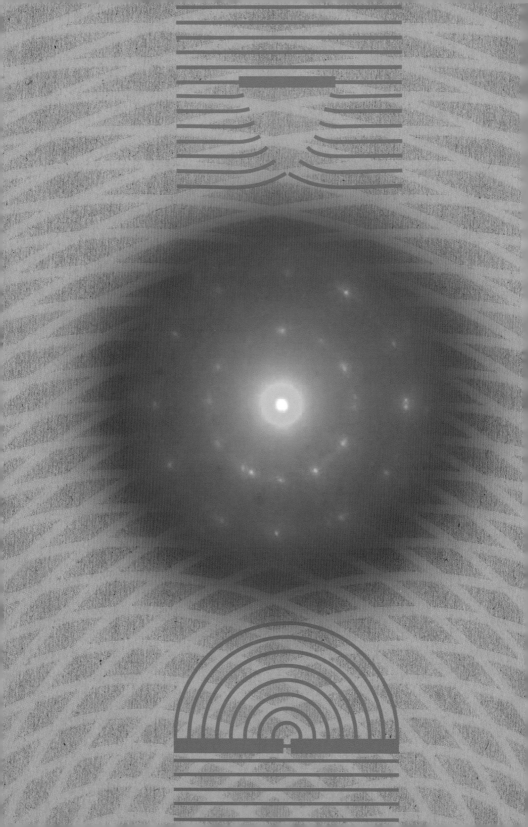

드브로이의 물질파

DE BROGLIE'S MATTER WAVES

30초 저자
레온 클리포드

3초 요약
드브로이는 파동이 입자처럼 거동하듯이 입자도 파동처럼 거동할 수 있음을 보였다.

아인슈타인이 1905년에 광전효과를 설명하면서 제안했듯이 파동으로 알려져 있던 빛이 입자처럼 거동할 수 있다면, 입자 역시 파동처럼 거동하지 않을까? 1924년에 루이 드브로이는 이 문제를 연구하기 시작했고, 입자도 파동처럼 거동한다는 물질파이론을 발전시켰다. 그는 전자 같은 입자가 파동처럼 거동한다면, 전자가 파동의 핵심적인 특징인 진동수와 파장을 가져야 하며 파동에서만 나타나는 회절과 간섭현상이 전자에게서도 관측되어야 한다고 생각했다. 드브로이는 입자의 파장이 입자의 속도에 반비례하고, 입자의 진동수는 입자의 에너지에 비례한다는 공식을 제시했다. 드브로이의 가설을 검증하기 위해 1927년에 영국의 조지 톰슨은 금속에 전자를 쏘는 실험을 했고, 미국의 클린턴 데이비슨과 레스터 저머도 독자적으로 비슷한 실험을 했다. 두 실험 모두에서 전자의 회절현상이 발견됨으로써 드브로이의 이론은 사실임이 입증되었다. 그리고 뒤이어 실시된 이중슬릿 실험에서 전자의 간섭현상이 관측되면서, 드브로이의 물질파이론은 더욱 확실해졌다. 그 이후 전자보다 훨씬 큰 분자들에서도 회절과 간섭현상이 관측되었다. 이들 중에는 전자현미경으로 볼 수 있을 정도로 큰 분자도 있었다. 전자가 파동의 성질을 갖고 있다는 드브로이의 물질파이론은, 아인슈타인의 광전효과와 함께 입자와 파동의 이중성을 밝혀냄으로써 양자물리학의 발전에 새로운 기원을 세웠다.

관련 주제

아인슈타인의 광전효과
23쪽
파동-입자의 이중성
31쪽
양자 이중슬릿
35쪽

3초 인물 소개

클린턴 데이비슨
1881~1958
니켈 결정체에서 전자의 회절현상을 발견한 미국 물리학자.

조지 패짓 톰슨
1892~1975
얇은 금속판막에서 전자의 회절현상을 발견한 영국 물리학자.

루이 드브로이
1892~1987
전자의 파동성을 제안한 프랑스 물리학자.

3분 보충
드브로이 파장으로 불리는 입자의 파장은 입자의 운동량에 반비례한다. 원자와 분자는 드브로이 파장이 계산될 수 있으며, 이보다 훨씬 큰 물체도 원리상 파장의 계산이 가능하지만 입자에 비해 질량이 아주 크기 때문에 그 파장이 너무 작아서 관측할 수가 없다.

전자가 나타내는 회절무늬는 전자가 입자가 아니라 파동처럼 거동한다는 사실을 보여준다.

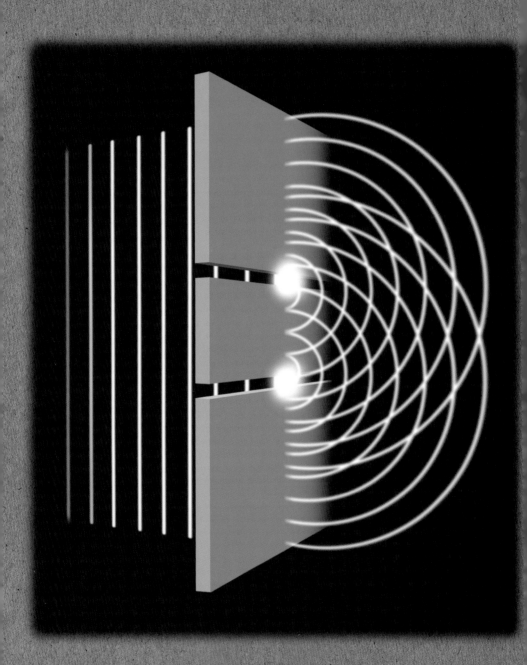

양자 이중슬릿

QUANTUM DOUBLE SLIT

30초 저자
앤드류 메이

3초 인물 소개
토머스 영
1773~1829
다방면에서 놀라운 업적을 남긴 박식하고 천재적인 영국인.

리처드 파인만
1918~1988
노벨상 수상자이며, 과학의 대중화에 힘쓴 미국의 이론물리학자.

빛이 입자인 광자의 형태로 방출되거나 흡수된다는 플랑크와 아인슈타인의 이론이 제기되기 1세기 전인 1801년에 토머스 영은 색다른 현상을 보여주는 유명한 실험을 실시했다. 그것은 두 개의 좁은 슬릿으로 빛을 통과시키는 실험이었다. 여러분은 이 실험의 경우 슬릿 뒤편에 있는 스크린에 두 개의 밝은 선만 나타날 것이라고 예상할지도 모른다. 빛은 입자이기 때문이다. 하지만 이 실험을 하면 가깝게 인접한 여러 선들의 무늬가 나타나는데, 이 선들을 간섭무늬라고 한다. 간섭무늬는 입자에게서는 볼 수 없고 파동에서만 나타나는 특징이다. 즉 빛은 파동으로 거동하는 것이다. 그런데 스크린에는 빛이 광자의 형태로 충돌한 흔적도 함께 탐지된다. 이중슬릿 실험은 이처럼 빛의 이중적 성질을 극적으로 보여준다. 빛은 파동처럼 진행하지만 입자처럼 상호작용하기도 한다. 물질의 경우에도 마찬가지다. 빛 대신에 전자를 이중슬릿 실험에 사용해도 동일한 결과가 나타난다. 이중슬릿을 통해 전자를 한 번에 하나씩 쏘더라도 동일한 특성을 가진 간섭무늬가 나타난다. 이것은 한 개의 전자도 자신과 간섭할 수 있는 파동처럼 거동한다는 것을 의미한다! 이 기이한 결과는 애초에 물리학자인 리처드 파인만이 '사고실험'을 통해 제안한 것인데, 지금은 실험실에서 직접 확인할 수 있다. 파인만은 이중슬릿 실험이 '양자역학의 심장'이라는 유명한 말을 남겼다.

3초 요약
이중슬릿 실험은 빛이 근본적으로 파동이면서 입자의 흐름이라는 이중성을 보여준다.

3분 보충
실험자가 특정 광자가 두 개의 슬릿 중 어느 것을 통과하는지 확인하기 위해 빛의 경로상에 광자 감지기를 설치하면, 간섭무늬가 사라진다. 이 경우 빛은 파동이 아니라 입자로 거동한다. 휠러의 '지연된 선택' 실험에서는, 빛이 입자인지 또는 파동인지의 탐지는 광자가 슬릿을 통과한 이후에 이루어지지만, 탐지된 결과대로 그 이전의 빛의 속성이 결정되는 기이한 현상을 보여준다.

고전적으로 파동은 이중슬릿 실험에서 간섭무늬를 나타내는 특성이 있다.

양자역학의 핵심이론

양자역학의 핵심이론
용어해설

가상입자 양자전기동역학에서 예견한 입자로서, 양자의 상호작용 과정에는 참여하지만 보이지 않는 입자를 말한다. 예를 들면 전자는 전자기력에 의해 경로가 변하는데, 이는 전자가 가상 광자를 흡수했기 때문이다. 또한 불확정성 원리에 의해, 텅빈 공간에서도 에너지준위가 요동을 일으켜서 짧은 시간 동안 입자와 반입자로 이루어진 한 쌍의 가상입자가 나타났다가 곧바로 사라지면서 에너지로 변하는 현상이 일어날 수 있다.

각운동량 운동량은 운동 중인 물체의 질량과 속도를 곱한 값이다. 각운동량은 회전체의 운동량에 해당하는 것으로서, 회전 중심으로부터 물체까지의 거리에 물체의 운동량을 곱한 값이다.

고전물리학 20세기에 상대성이론 및 양자이론이 등장하기 전까지 영향력을 행사한 물리이론. 뉴턴의 운동법칙이 전형적인 고전이론의 예다. 뉴턴의 운동법칙은 특수상대성이론에 자리를 내주었지만, 대부분의 운동 물체에 대해 여전히 훌륭한 근사적인 이론으로 위력을 발휘하고 있다.

비상대론적 방정식 상대성을 고려하지 않은 방정식. 뉴턴의 제2법칙(힘=질량×가속도)은 비상대론적 방정식이다. 빛의 속도보다 훨씬 낮은 속도에서는 이 식이 유효하다. 하지만 속도가 증가하면 상대성 효과가 중요해진다. 예를 들어 물체의 속도가 증가하면 물체의 질량도 증가한다.

상보변수 하이젠베르크의 불확정성 원리는 양자입자의 성질 두 가지를 서로 연결시키고 있다. 이러한 한 쌍의 상보적인 변수로는 위치와 운동량, 에너지와 시간이 잘 알려져 있다. 두 변수 중 하나의 값이 정확해질수록 다른 변수의 오차는 그만큼 늘어난다.

시공간 상대성이론은 시간을 네 번째 차원으로 취급한다. 상대성이론에서는 물체의 운동이 물체의 위치나 시간에 영향을 미치기 때문에, 절대적인 위치나 시간의 개념이 없다. 그래서 공간과 시간을 합쳐 한꺼번에 시공간으로 생각하며, 이들을 각각 독립적으로 취급하지 않는다.

양자상태 양자입자의 성질을 나타내는 값. 양자상태는 특정 값을 가질 수 있다. 예를 들면 스핀은 '업(up)' 또는 '다운(down)'으로 측정되는데 이 중 하나의 값을 가질 수 있다. 또한 혼합의 상태일 수도 있다. 예를 들면 스핀의 경우 '업(up)'일 확률이 40퍼센트, '다운(down)'일 확률이 60퍼센트인 상태가 될 수 있다.

양자전기동역학 통상 QED라는 약자를 사용하며, 빛과 물질(통상 전자)의 상호작용을 다루는 이론. 고전 양자이론은 전자의 에너지 준위만 양자화했으며, 이것으로는 원자 내에서 일어나는 자발적인 복사현상을 설명할 수 없는 한계가 있었다. QED는 원자 내의 전자기장을 양자화하고 특수상대성이론을 고려한 양자장이론으로 이 문제를 해결했다.

입자가속기 입자물리학의 주요 장치. 하전된 입자를 빛의 속도에 가깝게 가속시킨 다음 다른 입자나 고체에 충돌시키며, 그 결과 새로운 입자들이 생성된다. 현재 가장 큰 입자가속기는 유럽입자물리학연구소(CERN)에 있는 대형강입자충돌기(LHC)이다. LHC는 스위스와 프랑스 국경 근처에 있으며, 길이가 약 27킬로미터로서 양성자들을 서로 반대방향으로 가속시켜 충돌시키는 장치이다.

중첩상태 양자입자가 두 개의 가능한 값을 가진 상태에 있을 때, 그 입자는 중첩상태에 있다고 한다. 중첩상태인 입자를 관측하면, 그 상태가 붕괴되어 하나의 실제 값을 갖게 된다. 공중에 던져진 동전은 두 개의 상태를 갖고 있지만 중첩상태는 아니다. 동전은 우리가 쳐다보기 전에도 앞과 뒤 중 하나의 값을 이미 취하고 있다. 하지만 양자입자는 특정 값을 취하지 않고, 말 그대로 어떤 값을 취할 확률만 갖고 있다. 이것이 중첩상태다.

파동함수 양자물리학에서 파동함수는 슈뢰딩거의 파동방정식에 따라 시간적으로 변화하는 입자의 양자상태를 기술하는 수학적 공식이다. 여기서 말하는 파동은 실제 파동이 아니라 어떤 양자상태가 특정한 값을 가질 확률을 의미한다. 즉 어떤 입자를 특정 위치에서 발견할 수 있는 확률을 예로 들 수 있다. 이때의 확률은 파동함수의 제곱으로 계산한다.

행렬 숫자를 사각형 형태로 배열한 것. 정사각형 형태의 배열이 많으며, 많은 방정식들을 동시에 다룰 때 사용된다.

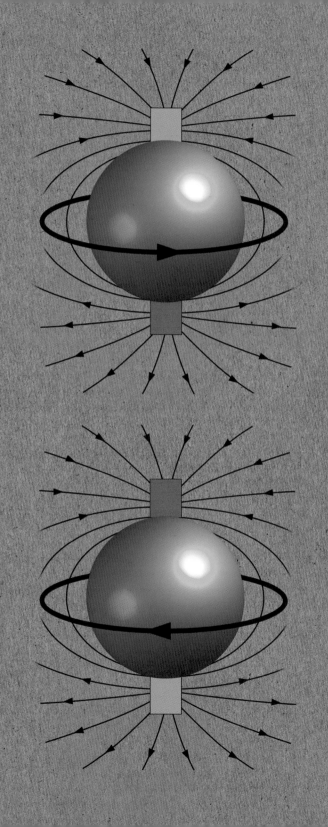

양자스핀

QUANTUM SPIN

30초 저자
레온 클리포드

양자스핀은 우리가 일상생활에서 흔히 볼 수 있는 자기현상을 일으키는 원인이며, 원자 내의 전자의 양자상태를 결정하는 데 필요한 핵심적인 변수 중 하나다. 즉 전자의 양자상태는 전자의 에너지준위를 나타내는 주양자수, 각운동량을 나타내는 궤도양자수와 자기양자수, 그리고 양자스핀을 나타내는 자기스핀양자수에 의해 결정된다. 양자역학에서 다루는 다른 물리량과 마찬가지로 양자스핀도 불연속적으로 양자화된 값을 가진다. 특정 입자는 일정한 양의 스핀만 가질 수 있으며, 이는 자기스핀양자수로 표현된다. 원자보다 작은 아원자입자들도 자기스핀양자수를 갖고 있으며, 자기스핀양자수가 0인 경우도 있다. 양자스핀은 회전하는 물체의 물리적 특성인 각운동량과 관련되어 있으며, 원자 내의 각운동량의 측정에 영향을 미친다. 원자핵 주위를 윙윙 날아다니는 전자들은 궤도운동을 통해 각운동량의 일부를 원자들에게 나눠주는데, 이 현상을 통해 전자에게서 최초로 양자스핀의 효과가 탐지되었다. 1922년 독일의 물리학자인 오토 슈테른과 발터 게를라흐는 분자빔 실험을 했는데, 여기서 전자가 궤도운동에서 생기는 각운동량 이외에 전자 자체의 고유한 각운동량을 추가적으로 갖고 있음을 보여주는 결과를 얻었다. 이는 전자가 원자핵을 중심으로 궤도운동을 하는 동시에 자체적인 축을 중심으로 자전하는 현상과 유사하다. 이 실험은 양자스핀이 발견된 최초의 실험이었다.

관련 주제
파울리의 배타원리
61쪽
디랙 방정식
63쪽
양자장이론
67쪽

3초 인물 소개
볼프강 파울리
1900~1958
양자스핀이론을 획기적으로 발전시킨 오스트리아 물리학자.

조지 울렌벡
1900~1988
사무엘 구드스미트
1902~1978
전자의 스핀에 관한 최초의 논문을 공저한 독일 물리학자들.

3초 요약
양자스핀 때문에 자기현상이 생기며, 이를 통해 입자들을 서로 구별할 수 있다.

3분 보충
양자스핀은 그 성질이 고전적인 각운동량과 유사한 점이 많아서 붙여진 이름이다. 하지만 스핀이 입자의 자전과 관계가 있다고 생각할 이유는 없다. 전자처럼 하나의 점에 가까운 극히 작은 입자가 자전하는 것도 상상하기도 어렵다. 스핀은 2분의 1과 같은 반정수의 값을 가지며, 측정하는 방향과는 관계없이 '업(up)' 또는 '다운(down)'으로 나타낸다.

입자가 갖는 양자스핀의 방향은 그 입자의 자기력의 방향을 결정한다.

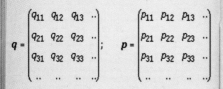

행렬역학

MATRIX MECHANICS

30초 저자
레온 클리포드

행렬역학은 행렬대수학이라는 특수한 수학적 기법을 이용하여 양자계의 거동을 기술하는 방법이다. 이 방법은 1925년에 독일의 물리학자인 베르너 하이젠베르크가 원자의 스펙트럼을 설명할 수 있는 법칙을 연구하는 과정에서 제안했고, 막스 보른과 파스쿠알 요르단이 발전시켰다. 행렬역학은 에르빈 슈뢰딩거가 양자계를 기술하기 위해 사용했던 또 다른 수학적 접근방법인 파동방정식과 대비되는 방법이라 할 수 있다. 행렬은 연산의 순서가 연산의 결과에 영향을 준다는 점에서 일반적인 연산과는 다른 특별한 차이점을 갖고 있다. 일상적인 수학에서는, 두 수의 곱은 곱하는 순서에 관계없이 그 결과가 항상 같다. 예를 들면 2×3은 3×2와 계산결과가 같다. 그러나 행렬의 경우에는 그렇지 않다. 어떤 행렬이 어느 입자의 위치를 나타내고 또 다른 행렬이 동일한 입자의 운동량을 나타낸다고 하자. 이때 이들 두 행렬의 곱은 곱하는 순서에 따라 다른 결과를 보여줄 것이다. 즉 위치 행렬에 운동량 행렬을 곱한 결과는 운동량 행렬에 위치 행렬을 곱한 결과와 서로 다르다. 하이젠베르크는 이들 두 연산결과의 차이로부터, 양자계에는 절대 없앨 수 없는 근원적인 불확정성이 존재함을 발견했다. 이 때문에 어떤 입자의 위치와 운동량 같은 두 가지의 물리량을 동시에 정확하게 측정할 수 없다는 것이며, 이것이 바로 하이젠베르크의 불확정성 원리이다.

관련 주제
슈뢰딩거 방정식
45쪽

하이젠베르크의 불확정성 원리
51쪽

파동함수의 붕괴
53쪽

3초 인물 소개
막스 보른
1882~1970
파스쿠알 요르단
1902~1980
행렬역학을 발전시킨 독일 물리학자들.

베르너 하이젠베르크
1901~1976
수학을 이용하여 양자세계가 갖고 있는 근본적인 불확실성을 밝혀낸 양자역학의 개척자. 독일 물리학자.

3초 요약
하이젠베르크는 행렬역학에 숨겨져 있는 원리에 힘입어 양자역학에 불확정성 원리를 도입했다.

3분 보충
하이젠베르크의 행렬은 일상세계와는 판이하게 다른 양자세계에 대해 새롭고 색다른 서술방법을 제공했다. 이는 파동–입자의 이중성을 표현하는 또 다른 방법이라 할 수 있다. 하지만 이 방법은 슈뢰딩거가 제안했던 미분방정식을 이용한 전통적인 접근방식에 비하면 기이하게 보였다. 미분방정식은 좀 더 파동적인 특징을 보이는 반면, 행렬은 개별적인 입자에 가까워 보인다. 1930년에 디랙은 이들 둘을 하나의 수학적 형식으로 통합했다.

하이젠베르크의 행렬역학은 행렬이라는 수학적 기법을 사용하여 양자의 거동을 예측했다.

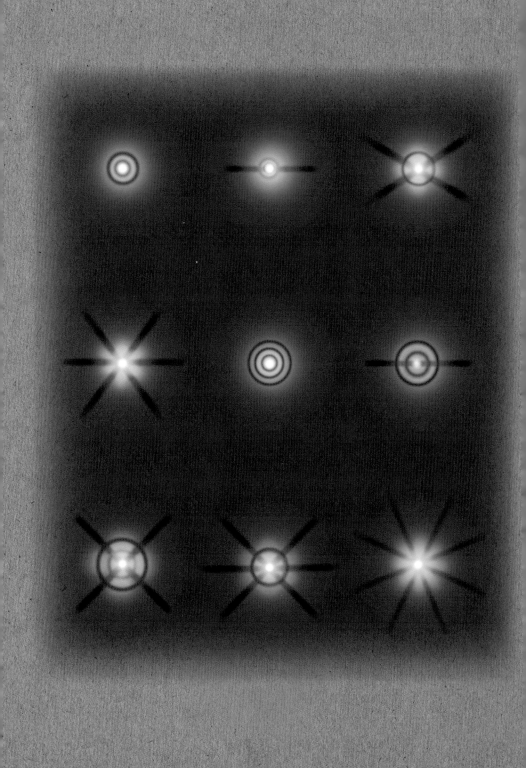

슈뢰딩거 방정식

SCHRÖDINGER'S EQUATION

30초 저자
필립 볼

관련 주제
파동-입자의 이중성
31쪽

드브로이의 물질파
33쪽

행렬역학
43쪽

3초 인물 소개
에르빈 슈뢰딩거
1887~1961
양자이론과 우주론, 유전학을 한 단계 발전시킨 오스트리아 물리학자.

1924년 루이 드브로이는 전자와 같은 입자가 파동처럼 행동할 수 있다는 물질파이론을 제안했고, 이 제안은 에르빈 슈뢰딩거가 양자역학의 수학적 이론을 만들어내는 계기가 되었다. 슈뢰딩거는 입자들의 위치나 거동을 파동함수 Ψ('프사이')로 기술했다. 이것은 일종의 파동이지만, 음파나 파도와 같은 통상적인 파동을 의미하는 것은 아니다. 즉 파동함수는 확률의 파동을 나타낸다. 좀 더 정확하게 말하자면, 공간 상의 어느 지점에서 파동함수의 제곱인 Ψ^2의 값은 그 지점에서 입자가 발견될 확률을 나타낸다. 파동은 수학적으로 미분방정식들로 나타내는데, 이들은 시간이 경과함에 따라 진동의 크기가 어떻게 변화하는지를 서술한다. 하지만 슈뢰딩거의 방정식은 일반적인 파동방정식과는 다르다. 진동의 크기의 변화보다는 전파 또는 확산의 과정을 서술하는 데 사용되는 방정식에 가깝다. 과학자들은 슈뢰딩거의 방정식을 이용해서 양자계의 파동함수를 계산할 수 있고, 양자계의 질량과 에너지가 알려져 있는 경우 그 위치에 대한 확률을 계산할 수 있다. 실제로는 방정식의 정확한 해를 구하기는 매우 어렵고, 단지 근사해만 구할 수 있는 경우가 많다. 그럼에도 불구하고 슈뢰딩거의 방정식은 원자나 분자와 같은 물질 내의 전자의 분포를 연구하는 데 출발점 역할을 하고 있다.

3초 요약
슈뢰딩거의 방정식은 양자가 어느 순간 어떤 위치에 존재할 확률을 나타내는 '확률파동'을 계산하는 방법을 제공한다.

3분 보충
슈뢰딩거의 파동방정식이 양자이론을 수학적으로 표현하는 유일한 방법은 아니다. 슈뢰딩거가 1920년대에 파동방정식을 만들기 위해 애쓰고 있을 때, 베르너 하이젠베르크 역시 양자상태를 행렬이라는 숫자판으로 표현하는 방법을 개발하고 있었다. 하지만 슈뢰딩거의 방정식이 양자상태에 대한 직관적인 형상을 보다 잘 보여주었기 때문에, 과학자들 사이에서는 '행렬역학'보다 선호도가 더 높았다.

수소원자 내의 전자가 특정 궤도에 존재할 확률은 그 전자의 파동함수에 의해 예측될 수 있다.

1887년 8월 12일
오스트리아 빈에서 출생

1910년
빈대학에서 물리학 박사학위를
취득하다

1914~1918년
제1차 세계대전 중
오스트리아군에서 포병장교로
복무하다

1921년
스위스 취리히대학의
이론물리학 교수가 되다

1926년
슈뢰딩거 방정식을 세워
파동역학의 기초를 닦다

1927년
베를린대학의 요청으로 막스
플랑크의 뒤를 이어 교수가
되다

1933년
나치가 집권하자 독일을 떠나
옥스퍼드로 망명하다. 그해에
영국의 물리학자인 폴 디랙과
공동으로 노벨상을 수상하다

1935년
「양자역학의 현 상황」이라는
논문을 통해 슈뢰딩거의
고양이라는 역설적인
사고실험을 제안하다

1939년
아일랜드 더블린고등연구소의
이론물리학부 부장이 되다

1944년
케임브리지대학 출판부에서
『생명이란 무엇인가』를
출간하다

1956년
더블린고등연구소에서
은퇴하고 빈으로 돌아오다

1961년 1월 4일
빈에서 사망

에르빈 슈뢰딩거

에르빈 슈뢰딩거는 오스트리아 빈에서 태어나 성장했으며, 물리학적 재능을 타고난 뛰어난 젊은이였다. 1920년대에 취리히대학에서 첫 번째 교수직을 얻을 때까지 슈뢰딩거는 물질이 파동적 성질을 갖고 있다는 확고한 믿음을 갖고 있었다. 이 믿음은 그가 양자이론의 완전무결한 공식 중의 하나인 파동방정식을 창안할 수 있는 원동력이 되었으며, 이는 슈뢰딩거가 이룩한 업적 중 최고의 업적으로 인정받고 있다.

슈뢰딩거의 파동방정식이 양자물리학에서 차지하는 비중은 고전물리에서 핵심적인 역할을 하는 뉴턴의 운동법칙에 비견할 만하다. 당시의 물리학자들은 슈뢰딩거 방정식의 수학적 유효성과 예측의 위력을 곧바로 인정했다. 하지만 불행히도 슈뢰딩거처럼 파동에 대한 강렬한 열정을 가진 물리학자는 사실상 거의 없었다. 당시 양자역학은 파동과 입자의 성질이 공존하다가, 관측하는 순간 그중 하나의 형태로 나타난다는 코펜하겐 해석이 대세였다. 코펜하겐 해석은 닐스 보어가 중심이 되어 제시한 이론인데, 슈뢰딩거는 이를 가짜 과학의 헛소리 정도로 여겼다. 슈뢰딩거는 아인슈타인을 비롯한 여러 학자들이 자신의 생각에 동조하고 있다는 사실에 고무되어, 코펜하겐 해석의 불합리성을 부각시키는 사고실험을 고안해냈다. 그것은 '슈뢰딩거의 고양이'라는 역설인데, 아마도 양자이론 중에서 그 이미지가 가장 선명하게 알려져 있는 사고실험일 것이다.

제2차 세계대전이 발발하기 전에 슈뢰딩거는 유럽대륙에서 빠져나와 중립적인 아일랜드로 건너갔다. 외조모가 영국인이어서 그런지 그는 영어를 독일어만큼이나 유창하게 구사했다. 당시 아일랜드의 수상이었던 이몬 드 발레라의 초청으로 슈뢰딩거는 새로 설립된 더블린 소재 고등연구소의 물리학부 부장이 되었고, 이후 17년간 그 직위를 유지했다. 후에 그는 더블린에서 지낸 기간을 그의 인생에서 가장 행복했던 시절이었다고 회상한 바 있다. 더블린에 머무는 동안 슈뢰딩거가 남긴 가장 중요한 업적은 『생명이란 무엇인가』라는 책을 저술한 것이었다. 이 책은 양자이론의 근본적인 개념들이 생명체에 어떻게 적용되는지를 보여주는 획기적인 소책자였다. 몇 년 후 DNA의 비밀을 밝혀낸 프랜시스 크릭과 제임스 왓슨은 슈뢰딩거의 책에 힘입은 바 컸다며 감사를 표시했다.

슈뢰딩거는 동료 과학자들과는 전혀 색다른 삶을 살았다. 그는 시를 썼고, 철학과 동양의 신비주의에 줄곧 관심을 쏟았다. 또한 그는 많은 젊은 여성들과의 복잡한 연애로도 유명하다. 그의 세 자녀는 아내인 안니와의 40년간에 걸친 혼인기간 중에 태어났지만, 그중에 안니의 친자식은 아무도 없었다. 안니는 남편의 끊임없는 외도에 체념하고 살았지만, 남편이 1961년에 73세의 나이로 빈에서 세상을 떠날 때까지 아내로서 그의 곁을 지켰다.

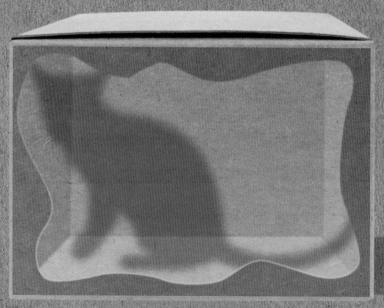

슈뢰딩거의 고양이

SCHRÖDINGER'S CAT

30초 저자
필립 볼

3초 인물 소개

유진 위그너

1902~1995

헝가리 태생의 미국 물리학자. 자신은 실험실 외부에 있고 가상의 친구가 실험실 내부에서 슈뢰딩거의 고양이 실험을 하는 사고실험을 제안하여 의식이 존재를 결정한다는 논리를 주장.

이그나시오 시락

1965~

살아 있는 미생물을 이용하는 슈뢰딩거의 고양이 실험을 제안한 스페인 물리학자.

슈뢰딩거의 고양이는 관측이 이루어지기 전까지는 생존과 죽음의 중첩상태에 있다.

양자사건은 서로 다른 상태들이 공존하다가 관측 행위에 의해 그중 하나의 상태로 결정된다는 양자이론(코펜하겐 해석)은 당시 많은 논란을 불러일으켰다. 슈뢰딩거는 이 양자이론이 우리의 직관적 지식과 엄청난 괴리가 있음을 논증하기 위해 1935년에 '슈뢰딩거의 고양이'로 알려져 있는 유명한 사고실험을 제안했다. 그는 고양이처럼 큰 물체의 상태도 원자의 붕괴와 같은 미시적인 양자사건에 의해 결정된다고 전제하면서, 아래의 사고실험을 고안했던 것이다. 어떤 밀폐된 상자 안에 고양이와 방사성붕괴—우연이 지배하는 양자사건—가 일어나고 있는 원자가 놓여 있다. 일정 이상 방사성붕괴가 진행되면 망치가 독이 든 병을 깨뜨려서 고양이가 죽게끔 장치가 되어 있다. 원자는 붕괴할 확률과 붕괴하지 않을 확률이 공존하는 중첩상태에 있다. 따라서 고양이도 죽음과 삶의 상태가 공존하는 중첩상태에 있다. 일반적으로 양자적 중첩상태는 그 물체에 대한 관측이 이루어질 때 붕괴—중첩된 상태 중 어느 하나의 상태로 결정—되므로, 고양이의 상태는 상자를 열고 그 내부를 쳐다보는 순간에 죽음 또는 생존의 둘 중 하나로 결정된다. 그러나 상자를 열기 전에는 고양이의 상태가 결정되지 않는다. 슈뢰딩거는 이 결과를 말도 안 되는 얘기라고 생각했다. 슈뢰딩거처럼 우리의 관측 행위와는 상관없이 독의 방출 여부에 따라 고양이의 상태가 결정된다고 주장하는 과학자들이 있는 반면에, 양자론자들은 고양이가 생존-죽음의 중첩상태에 있다고 생각했다.

3초 요약

슈뢰딩거의 고양이 사고실험은 상반된 두 상태가 동시에 공존하는 중첩상태가 가능하다는 양자이론이 직관적 지식에 반한다는 것을 고양이를 통해 실감나게 설명한다.

3분 보충

슈뢰딩거 고양이의 생존 여부를 가리는 실험이 실제로 가능할까? 사실은 고양이를 담을 만큼 큰 물리계에서 예민한 양자적 중첩상태를 유지하는 것은 사실상 불가능하다. 하지만 박테리아나 바이러스처럼 아주 작은 생명체의 경우 물리적 교란으로부터 분리시키기가 훨씬 쉬울 것이다. 독일의 어느 연구진은 바이러스를 레이저광선으로 가둔 후 양자 중첩상태를 유도하는 실험을 제안한 바 있다.

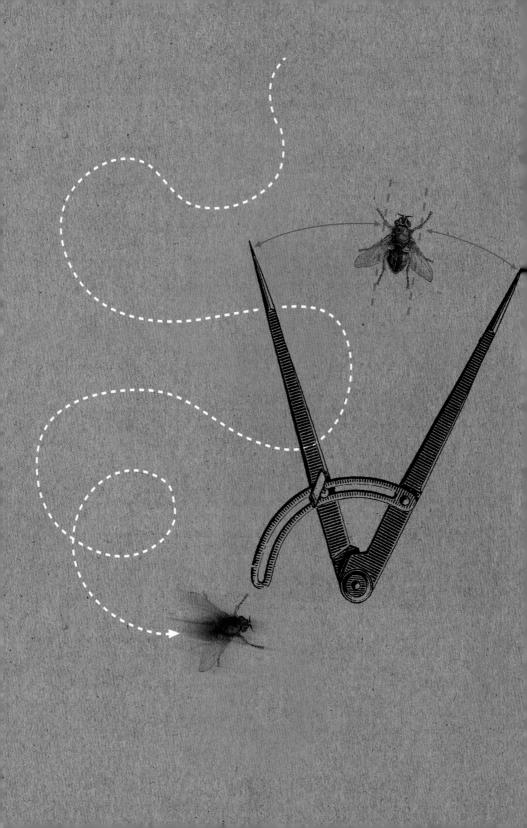

하이젠베르크의
불확정성 원리

HEISENBERG'S UNCERTAINTY PRINCIPLE

30초 저자
프랭크 클로우스

관련 주제
슈뢰딩거 방정식
45쪽
디랙 방정식
63쪽
파인만 도표
73쪽

3초 인물 소개
에르빈 슈뢰딩거
1887~1961
양자역학의 비상대성론적
파동방정식과 상대성이
포함된 방정식을 만든 오
스트리아 물리학자.

베르너 하이젠베르크
1901~1976
불확정성 원리를 창안한
독일의 이론물리학자.

1927년 독일의 이론물리학자인 베르너 하이젠베르크는 양자계의 근본적인 속성인 불확정성 원리를 창안했다. 이 원리에 따르면, 원자나 입자의 상보변수인 한 쌍의 물리적 성질들은 동시에 둘 모두를 정확하게 측정할 수 없다. 상보변수인 물리량으로는 위치와 운동량, 어느 특정 순간의 시간과 에너지를 예로 들 수 있다. 이들 물리량들은 일정한 오차범위 내에서만 둘 다 측정할 수 있다. 하지만 하나의 물리량을 정확하게 측정하면 다른 물리량의 측정은 정확성이 그만큼 떨어진다. 이러한 현상의 효과는 아주 작기 때문에, 일상생활에서 일어나는 일들의 경우에는 무시할 수 있다. 하지만 원자나 아원자 입자들의 운동을 다루는 양자역학의 영역에서는 큰 효과를 발휘한다. 불확정성은 원자처럼 아주 미세한 공간에서 일어나는 자연현상을 측정하는 경우 그 현상 자체에 내재되어 있는 근본적인 한계이며, 측정장치에 결함이 있거나 측정기술이 부족해서 생기는 문제가 아니다. 불확정성 원리에 따르면, 어떤 입자의 에너지가 짧은 시간 t 동안 E만큼 변동할 경우 E와 t를 곱한 값은 플랑크 상수를 슈뢰딩거 방정식의 4배인 4$\mathit{\Psi}$로 나눈 값을 초과할 수 없다. 입자의 위치와 운동량의 경우에도 마찬가지다. 불확정성 원리는 아주 짧은 시간 동안에는 에너지보존의 법칙이 지켜지지 않을 수 있음을 말해준다.

3초 요약
입자들은 마치 정치인들처럼 그 위치를 알아내려 하면 할수록 더 빨리 위치를 바꾼다.

3분 보충
불확정성 원리는 대형강입자충돌기(LHC)와 같은 입자가속기의 규모가 거대한 이유를 설명해준다. 거리가 양성자의 크기보다 1000분의 1 정도 짧은 세계를 다루려면, 입자의 에너지가 상온상태보다 수조 배 정도 커야 한다. 입자가 이 정도의 극한적인 에너지를 가지려면 가속기가 거대한 규모여야 한다.

**양자입자의 위치를 정확하게 알아내려 하면
입자의 운동량은 그만큼 정확성이 떨어진다(그 반대도 마찬가지).**

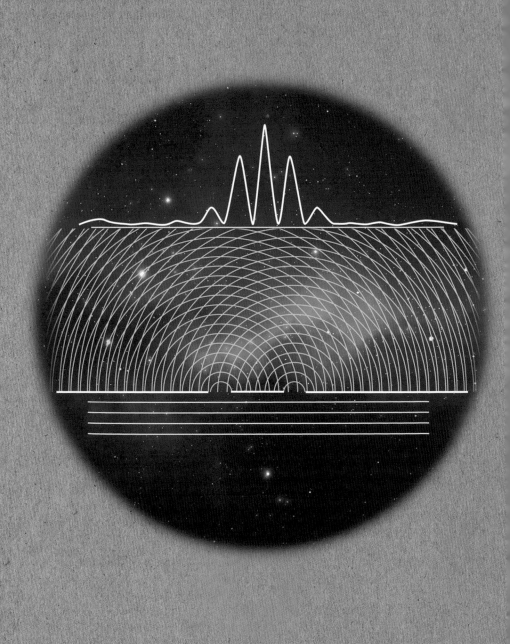

파동함수의 붕괴

COLLAPSING WAVEFUNCTIONS

30초 저자
필립 볼

3초 인물 소개
로저 펜로즈

1931~
일반상대성이론을 바탕으로 파동함수의 붕괴가 시공간의 휘어짐 때문이라고 주장한 영국의 수리물리학자.

3초 요약
파동함수의 붕괴는 중첩된 양자상태를 하나의 상태로 줄이며, 일반적으로 양자계의 상태에 대한 관측이 이루어질 때 붕괴가 일어난다.

슈뢰딩거의 파동방정식은 주어진 양자계에서 알아낼 수 있는 모든 것들을 파동의 형태로 표현하며, 이 파동들은 양자계가 어떤 양자상태에 있을 확률들을 나타낸다. 그런데 실제로 양자계를 관측하면 하나의 양자상태가 특정되어 나타난다. 즉 관측이라는 행위가 여러 확률들 중에서 딱 하나의 상태만 선택해서 나타나게 만든다고 할 수 있다. 이것을 파동함수의 붕괴라고 한다. 파동함수가 붕괴되는 양상은 측정이 이루어지는 방법에 따라 다르다. 이것은 관측자가 명백하게 결과에 영향을 줄 수밖에 없음을 의미하는 것으로 우리가 알고 있는 지식과는 배치된다. 그래서 이 문제가 처음 제기되었을 때 학계는 과학의 대전제인 객관성의 근간을 뒤흔드는 충격적인 문제로 받아들였다. 이것은 현재 '측정의 문제'로 알려져 있다. 그런데 파동함수의 붕괴가 단순히 수학적인 표현기법에 불과할까, 아니면 실제로 존재하는 물리적인 현상일까? 양자이론에 대한 전통적인 '코펜하겐 해석'은 우리의 관측 행위가 양자상태를 결정하며, 관측 이전에는 여러 상태가 공존한다고 주장한다. 어떤 학자들은 모든 가능한 결과가 각각 서로 다른 세계에서 실현되기 때문에, 파동함수의 붕괴는 착각이라고 생각한다. 또 다른 학자들은 파동함수의 붕괴가 방사성붕괴처럼 일정 시간 안에 일어나는 물리적 과정이며, 이 과정에는 중력이 관련되어 있어서 물리학계가 오랫동안 찾아왔던 양자이론과 중력 간의 연결고리가 이를 통해 실현될 것이라고 생각한다.

3분 보충
미국 물리학자인 데이비드 봄은 드브로이의 '항도파(pilot-wave)' 이론—양자입자는 파동을 수반하며, 파동이 선행한 후 그 뒤를 따른다는 이론—을 토대로 파동함수의 붕괴에 대한 또 다른 해석을 발전시켰다. 봄에 따르면, 우주에는 우주 전체를 지배하는 하나의 파동함수가 있어서 만물이 서로 상호작용의 관계에 있다. 이 파동함수는 절대 붕괴하는 법이 없지만, 국부적인 파동함수와 우주의 나머지 부분 사이에 작용하는 결어긋남 현상 때문에 국부적으로만 붕괴현상이 일어난다.

양자계에서는 이중슬릿 실험에서처럼 입자들이 확률파로 존재하며 간섭과 같은 여러 현상을 일으킨다. 하지만 관측이 이루어지면 확률파가 붕괴되어 하나의 값만 남게 된다.

결어긋남

DECOHERENCE

30초 저자
레온 클리포드

3초 인물 소개

하인즈 디터 제
1932~
1970년에 결어긋남의 원인을 밝혀낸 독일 물리학자.

보이치에흐 주렉
1951~
결어긋남에 의해 양자상태로부터 고전적 특성들이 '선택'되는 메커니즘을 설명한 폴란드계 미국 물리학자.

양자입자는 중첩된 상태를 갖지만, 결어긋남은 일상적인 물건들이 확실하게 고전적 상태에 머물도록 보장한다.

당구공, 차 주전자와 같은 일상세계의 물체는 원자 등의 미시세계로 이루어져 있지만, 일상세계에는 고전물리가 적용되고 미시세계는 양자법칙에 의해 지배된다. 그렇다면 미시적인 양자세계는 어떻게 고전적인 일상세계로 변할까? 양자세계의 불가사의한 현상들은 모두 어디로 사라져버릴까? 많은 물리학자들은 파동-입자의 이중성, 불확정성과 같은 양자효과는 양자입자와 주변환경 사이의 상호작용에 의해 사라진다고 생각한다. 이 상호작용을 결어긋남 현상이라고 한다. 결어긋남 현상은 입자와 주변환경이 서로 '얽힌' 상태가 되어, 입자의 성질이 더 이상 입자 자체의 고유한 것이 아니라 주변환경에 의해 좌우된다는 것을 의미한다. 어떤 물리계에서 양자현상이 나타나려면 물리계를 주변환경과 가능한 분리시켜서 결어긋남 현상이 일어나지 않도록 해야 한다. 그래서 중첩상태와 같은 양자현상은 통상 실험실에서만 관측할 수 있으며, 아주 예민해서 결어긋남에 의해 쉽게 파괴되고 만다. 결어긋남은 비가역적인 현상이다. 일단 양자적 성질들이 파괴되고 나면 다시 되돌릴 수가 없다. 양자 중첩상태가 사라지는 속도를 나타내는 결어긋남율은 양자계에 존재하는 입자의 수에 비례하여 지수함수적으로 증가한다. 그래서 큰 물체의 경우에는 거의 즉각적으로 고전적인 세계로 변한다. 결어긋남은 양자세계를 고전적인 세계로 바꾸는 스위치와 같은 것으로서, 환경적 조건에 따라 정확하게 작동한다.

3초 요약
결어긋남은 입자가 주변환경과의 상호작용 때문에 양자적 특성을 상실하는 현상을 말한다.

3분 보충

양자계에 결어긋남 현상이 일어나서 고전적 물리계로 변하기 전에 양자계가 취할 수 있는 최대 크기는 얼마일까? 탄소원자 60개로 이루어진 풀러렌(C_{60})과 같은 거대분자의 경우에도 파동적 성질인 양자 간섭현상이 나타날 수 있지만, 이 분자를 가스체 속으로 통과시키면 상호 충돌에 의해 결어긋남 현상이 발생하여 양자효과들이 사라진다. 전자현미경으로 관측 가능한 작은 진동빔 속에서 진동상태의 양자 중첩현상을 탐지하는 것도 머지않아 가능할 것이다.

빛과 물질의 물리학

빛과 물질의 물리학
용어해설

미세구조상수 물리학의 기본상수 중의 하나로서, 그 값은 약 137분의 1이다. 미세구조상수는 a로 표기하며, 전자기장의 세기(즉 전자가 한 개의 광자를 방출할 확률)를 나타낸다. 또한 전자가 원자나 분자들 속에 속박되는 방법과 관련되는 상수이다.

반물질 영국의 물리학자인 폴 디랙은 양의 전기를 띤 전자의 쌍둥이 입자가 존재한다고 예견했다. 이 입자는 후에 그 존재가 확인되었고, 양전자로 명명되었다. 양전자는 최초로 발견된 반물질입자이며, 계속해서 모든 물질입자에 대응하는 반물질입자들이 발견되었다. 에너지가 물질로 전환될 때 물질과 반물질의 쌍이 생성되며, 이들은 다시 결합되어 에너지를 발산하면서 소멸된다.

발산하는 급수 합이 무한대가 되는 급수. $1+1/2+1/3+1/4+1/5 \cdots$는 발산한다. 반대로, 수렴하는 급수는 그 합이 일정한 값을 갖는다. $1+1/2+1/4+1/8 \cdots$의 합은 2이다. 이 급수에는 무수히 많은 분수가 포함되어 있지만, 인접한 항들의 총합은 2에 점점 가까워질 뿐 2를 초과하지는 않는다.

보손 페르미-디랙 통계를 따르는 페르미온과는 대조적으로 보스-아인슈타인 통계를 따르는 입자들. 보손은 전자기력과 같은 힘을 실어나르는 입자로서, 유명한 힉스 보손 입자를 예로 들 수 있다. 짝수 개의 입자들을 가진 원자핵에도 이 용어를 쓴다. 파울리의 배타원리를 따르는 페르미온과는 달리 보손들은 여러 입자가 동시에 동일한 상태에 있을 수 있다.

시간역행 파동 전기와 자기를 기술하는 맥스웰 방정식은 두 개의 해를 갖고 있다. 하나는 송신자에서 수신자를 향해 시간에 순행하여 진행하는 파동(지연파)이고, 다른 하나는 수신자에서 송신자로 시간을 거슬러 진행하는 파동(선행파)이다. 전통적으로 시간역행 파동은 무시되어왔지만, 이 개념은 전자가 광자를 방출할 때 발생하는 반동현상을 수학적으로 설명하는 데 유용하게 쓰인다.

시공간 상대성이론은 시간을 4번째 차원으로 취급한다. 상대성이론에서는 물체의 운동방식이 그 물체의 위치와 시간에 영향을 미치기 때문에 절대위치나 절대시간이라는 개념이 없다. 그래서 공간과 시간을 독립적으로 생각하기보다는 둘을 묶어서 하나의 시공간으로 생각해야 한다.

양자수 입자가 가질 수 있는 양자상태의 값으로서, 정수 또는 반정수의 값만 취할 수 있다. 원자 속의 전자는 에너지 레벨, 각운동량, 자기모멘트, 스핀에 해당하는 4개의 양자수로 기술된다.

양전자 반전자의 다른 이름. 전자의 반물질로서, 양전하를 가진 점을 빼고는 모두 전자와 같다.

장(양자장) 장은 시공간의 모든 지점마다 하나의 값을 대응시킨 수학적 구조물이다. 지구의 3차원 지도를 장에 비유하면, 해발 고도가 장의 값이라고 할 수 있다. 양자장은 중첩상태에 있을 수 있는 양자물체들의 효과를 그대로 나타내며, 지구의 지도와 같은 고전적인 장이론보다 훨씬 복잡한 수학이 요구된다.

전자껍질 원자핵 주위를 도는 전자의 궤도들은 일정하게 고정되어 있으며, 전자는 광자를 흡수하거나 방출함으로써 이 궤도들을 점프하며 이동한다. 이것이 바로 전자의 양자화이다. 전자의 궤도들은 종종 껍질이라고 불리는데, 특히 화학에서 그렇다. 각 껍질에 들어갈 수 있는 전자의 개수에는 한계가 있다. 첫 번째 껍질에는 2개, 두 번째 껍질에는 8개, 세 번째 껍질에는 18개가 들어갈 수 있다.

중성자 원자핵 속에서 발견된 입자로서, 전기적으로 중성이며 3개의 쿼크로 이루어져 있다. 동위원소—화학적 성질이 같고 질량이 다른 원소—라고 불리는 원소들은 원자핵 속에 들어있는 중성자의 개수가 서로 다른 원소들이다.

중성자별 질량이 태양의 1.4~3.2배인 별이 생명을 다한 후 붕괴되어 만들어진 별. 압축된 중성자들로 구성되어 있어서 밀도가 아주 높다. 포도알 크기의 중성자별 조각의 무게가 1억 톤에 이른다.

파동역학 오스트리아 물리학자인 슈뢰딩거가 1926년에 최초로 개발한 양자역학이론의 하나로서, 입자를 '물질파'로 취급한다. 막스 보른은 슈뢰딩거 방정식이 기술하는 파동은 위치가 아니라 확률을 나타내는 것이라고 해석했다. 행렬역학과 형태만 다를뿐 등가적인 이론이다.

페르미온 입자의 기본적인 두 가지 형태 중 하나인 입자(나머지 하나는 보손이다). 전자, 쿼크, 양성자, 중성자와 같은 물질입자와 뉴트리노가 페르미온이다. 홀수 개의 페르미온을 가진 원자들도 역시 페르미온이다. 반면에 짝수 개의 입자를 가진 원자는 보손이다. 페르미온은 페르미-디랙 통계와 파울리의 배타원리를 따른다(61쪽 참조). 즉 하나의 상태에는 하나의 입자만 존재할 수 있다.

행렬역학 독일 물리학자인 하이젠베르크가 1920년대에 발전시킨 양자역학이론의 하나로서, 숫자가 사각 형태로 배열된 행렬을 사용하여 양자현상들을 기술한다.

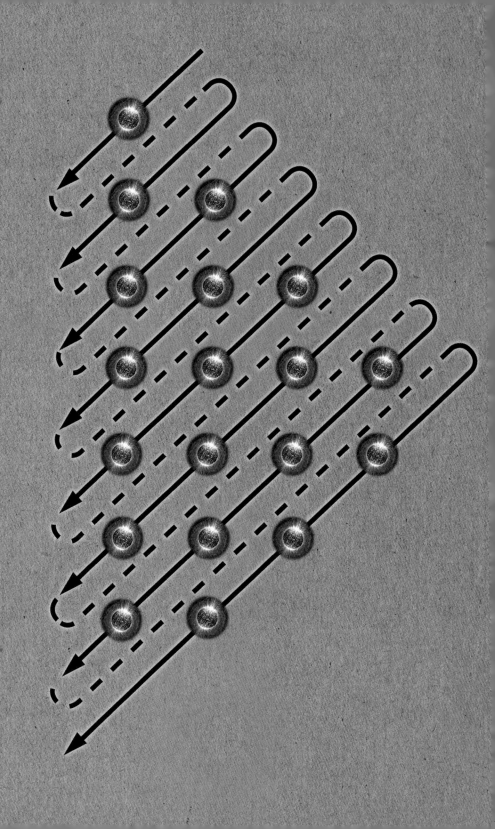

파울리의 배타원리

THE PAULI EXCLUSION PRINCIPLE

30초 저자
알렉산더 헬레만

3초 인물 소개
닐스 보어
1885~1962
새로운 원자모델을 제안한 양자이론의 개척자인 덴마크 물리학자.

볼프강 파울리
1900~1958
파울리의 배타원리를 발견한 오스트리아의 이론 물리학자.

1913년에 닐스 보어는 원자핵을 중심으로 회전하는 전자의 궤도들은 일정하게 고정되어 있으며, 전자가 어느 궤도에서 다른 궤도로 점프할 때에는 특정 파장의 광자를 방출하거나 흡수한다는 이론을 제안했다. 전자 궤도들에는 주양자수라고 하는 정수로 된 양자수(1, 2, 3, …)가 부여되어 있었다. 이 원자모델은 가장 단순한 원자인 수소원자에는 잘 들어맞았다. 그러나 그보다 복잡한 원자의 경우 원자의 스펙트럼에 나타나는 빛의 파장들을 이 모델로 설명할 수가 없었다. 1915년 독일 물리학자인 아르놀트 조머펠트는 미세구조상수라는 새로운 두 번째 양자수를 도입하여 이 문제를 해결했다. 또한 전자는 자기장에서 아주 작은 자석처럼 행동하며 스핀을 갖고 있기 때문에, 이와 관련된 세 번째 및 네 번째 양자수가 추가로 도입되었다. 각 전자의 에너지는 이들 네 가지의 양자수에 의해 결정된다. 같은 해에 볼프강 파울리는 동일한 원자 내의 전자들은 네 개의 양자수 모두가 동일한 상태에 있을 수 없다는 사실을 발견했다. 이것을 파울리의 배타원리라고 한다. 이 원리가 발견됨에 따라, 가장 낮은 에너지 상태에 있는 원자에서조차도 전자가 여러 궤도들(주양자수만 동일하고 다른 양자수는 다른 궤도들)에 분포되어 있는 이유를 설명할 수 있게 되었다. 또한 이러한 전자의 분포에 따라 원소의 화학적 성질이 결정됨을 알게 되었다.

3초 요약
파울리의 배타원리는 원자 내의 전자들이 가장 낮은 에너지 준위에 모여 있지 않고 항상 여러 궤도들에 분포되어 있는 이유를 설명해준다.

3분 보충
전자가 원자핵 주위에 있는 하나의 전자껍질에 국한되지 않고 여러 껍질들에 흩어져 있기 때문에, 원자는 더 이상 압축할 수 없는 최소한의 크기를 갖는다. 그래서 보통의 물질들은 일정한 공간을 차지하며, 안정된 상태를 유지할 수 있다. 중성자도 전자처럼 페르미온 입자이며 반(半)정수의 스핀을 갖는다. 모든 페르미온 입자들은 파울리의 배타원리를 따르기 때문에, 중성자별 속의 중성자들은 서로 합쳐질 수 없다. 그래서 극도로 압축된 물질들이 엄청난 중력을 발생시키고 있음에도 파울리의 배타원리가 중성자별이 더 이상 붕괴되지 않도록 막고 있다.

파울리의 배타원리는 '주기율표의 세로줄에 배열되어 있는 원소들이 왜 비슷한 화학적 성질을 갖고 있는가'라는 수수께끼를 풀었다.

디랙 방정식

THE DIRAC EQUATION

30초 저자
레온 클리포드

3초 인물 소개
윌리엄 클리포드
1845~1879
디랙이 사용한 행렬대수학을 최초로 발전시킨 영국의 수학자.

칼 앤더슨
1905~1991
우주선(線)에서 반전자를 발견한 미국의 실험물리학자.

닐스 보어는 1913년에 원자 내의 전자가 어느 궤도에서 다른 궤도로 점프할 때 원자에서 특정 파장의 빛이 방출되거나 흡수되며, 이는 원자의 스펙트럼에서 확인할 수 있다고 주장했다. 하지만 수소원자의 스펙트럼을 측정한 결과 보어의 이론과 완전히 일치하지는 않았다. 그래서 1927년 여름 영국의 이론물리학자인 폴 디랙은 이 문제를 해결하기 위해 전자의 거동을 분석하는 데 힘을 쏟았다. 디랙은 에르빈 슈뢰딩거가 개발한 파동방정식과, 광속에 가까운 속도로 움직이는 물체를 기술하는 특수상대성이론을 수학적으로 통합했다. 이러한 접근방법을 시도했던 다른 물리학자들도 있었지만, 전자가 스핀을 가지고 있어서 상대론적 구조로 편입하는 데 어려움이 많아 성공하지 못했다. 디랙은 대수학적 기법을 이용해서 이 문제를 해결했다. 즉 4×4행렬을 방정식에 도입했던 것이다. 이 결과가 상대론적 양자파동방정식이며, 지금은 디랙 방정식으로 불리고 있다. 디랙 방정식은 양의 에너지뿐 아니라 음의 에너지를 갖는 전자에 대해서도 해가 존재하는데, 이는 반물질의 존재를 예견한 것이었다. 디랙의 뛰어난 통찰력은 곧바로 양자장이론의 발전으로 이어졌으며, 이는 현대 입자물리학의 주춧돌이 되었다.

3초 요약
디랙은 아주 작은 물체의 물리학과 아주 빠른 물체의 물리학을 결합하여 자신의 방정식을 만들었다.

3분 보충
디랙의 방정식은 양자장이론보다 그 의미가 훨씬 깊다. 순수수학인 디랙 방정식이 새로운 기본입자의 존재를 예견했기 때문이다. 즉 디랙의 방정식의 해에서 음의 에너지를 가진 전자의 존재가 예견되었고, 이는 양의 전기를 띤 전자에 상응하는 입자이다. 양전자로 불리는 이 입자는 1932년 칼 앤더슨 박사에 의해 그 존재가 확인되었으며, 이는 수학이 우주의 구조 자체와 긴밀하게 연결되어 있을 가능성을 보여준다.

디랙은 원자 스펙트럼을 설명하기 위해 상대성 개념을 자신의 이론의 틀 속에 도입했다.

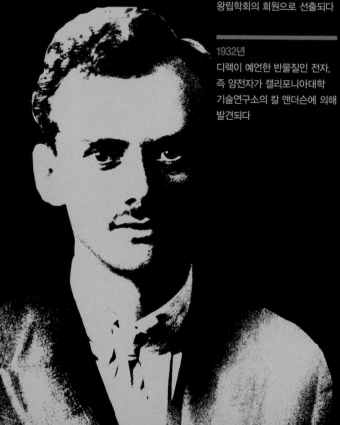

1902년 8월 8일
영국 브리스톨에서 출생.
아버지 찰스 디랙은 스위스
태생의 교사였고, 어머니
플로렌스 니 홀튼은 영국
콘월지방 출신의 사서였다

1921년
브리스톨대학에서 공학
학사학위를 취득하다

1923년
브리스톨대학에서 수학 학위를
취득하고, 케임브리지대학
박사과정에 입학하다

1926년
케임브리지대학 세인트
존스칼리지의 특별연구원이
되다

1928년
전자의 상대론적 운동을
기술하는 디랙 방정식을 만들다

1930년
음의 에너지를 가진 전자의
무한한 '바다'의 개념을
제안하고 반물질의 존재를
예언하다

1930년
왕립학회의 회원으로 선출되다

1932년
디랙이 예언한 반물질인 전자,
즉 양전자가 캘리포니아대학
기술연구소의 칼 앤더슨에 의해
발견되다

1932~1969년
케임브리지대학의 루카스좌
수학 교수로 재임하다

1933년
원자이론 수립에 기여한 공로로
슈뢰딩거와 공동으로
노벨물리학상을 수상하다

1937년
물리학자인 유진 위그너의
여동생인 마기 위그너와
결혼하다

1952년
왕립학회의 코플리 메달과 막스
플랑크 메달을 수상하다

1969년
은퇴 후 미국으로 건너가서
플로리다주립대 명예교수가
되다

1984년 10월 20일
미국 플로리다 탤러헤시에서
사망

1995년
웨스트민스터 수도원에
기념비가 세워지다

폴 디랙

폴 디랙은 영국 브리스틀에서 출생했으며, 아버지는 스위스인이었고 어머니는 영국인이었다. 디랙의 아버지는 엄격한 사람이었으며, 집안에서 프랑스어 사용을 강요하여 디랙이 프랑스어로 말하지 않으면 대답조차 하지 않았다. 프랑스어로 자신의 의도를 정확하게 표현할 수 없었던 디랙은 점차 말수가 줄었고, 이 때문에 디랙이 과묵한 성격을 갖게 되었다는 설도 있다. 디랙은 틀린 말을 할까봐 두려워서 아예 입을 열지 않는 경우가 많았다고 한다. 하지만 그보다는 디랙에게 자폐적 징후가 있었으며, 다른 사람들과 소통하는 능력이 극히 부족했다는 분명한 증거가 있다.

디랙은 처음에 브리스틀대학에서 전기공학을 전공했으나, 점점 응용수학에 흥미를 느껴 다시 같은 대학에서 수학을 전공했다. 그리고는 케임브리지대학 박사과정에 입학하여 상대성이론과 당시 새롭게 부각되고 있던 양자물리를 연구했다. 이곳에서 디랙은 이미 명성이 높았던 슈뢰딩거의 파동방정식을 연구했고, 이를 특수상대성 영역으로 확장하여 빠른 속도로 움직이는 입자들에 대해서도 적용할 수 있게 했다.

디랙의 방정식은 대칭적이었다. 즉 디랙의 방정식의 해에 따르면 입자들은 양의 에너지뿐 아니라 음의 에너지도 가질 수 있었다. 이는 보통의 전자가 광자를 방출하며 더 낮은 음의 에너지 상태로 내려갈 수 있음을 의미라는 것이어서 심각한 문제를 야기했다. 디랙은 겉으로 보기엔 텅빈 공간이 음의 에너지를 가진 전자들로 가득찬 무한한 '바다'이고, 음의 에너지 상태가 모두 가득 메워져 있어 더 이상 전자가 음의 에너지로 떨어지지 않도록 막고 있다고 설명했다. 그리고 이 바다가 음의 에너지를 가진 전자를 잃게 되면 '구멍'들이 생겨서, 양의 에너지를 가진 반전자, 즉 양전자가 될 것이라고 예측했다. 디랙은 반물질이 발견되기 전에 그 존재를 예견했던 것이다.

디랙은 또한 양자이론의 발전에도 눈부신 역할을 했다. 그는 서로 등가적이지만 별개로 취급됐던 하이젠베르크의 행렬역학과 슈뢰딩거의 파동역학을 통합하여 하나의 양자역학으로 발전시켰다.

디랙은 케임브리지대학의 루카스좌 수학교수가 되었고, 전임자 중 한사람인 아이작 뉴턴과 비슷한 성격적 특성을 지녔었다. 뉴턴과 마찬가지로 디랙은 사회성이 매우 부족했고 지독하게 말이 없기로 유명했다. 말을 할 경우에도 최대한 짧게 말했다. 이러한 그의 성격을 보여주는 일화가 많은데, 그중에서도 미국의 저명한 이론물리학자인 리처드 파인만과의 일화가 유명하다. 활기가 넘치는 파인만과 만났을 때, 디랙은 여느 때와 같이 불편한 기색으로 오랫동안 침묵을 지키다가 느닷없이 "나는 방정식을 갖고 있는데 당신도 그러냐?"라고 말했다고 한다. 하지만 디랙의 수학적 천재성은 의문의 여지가 없는 사실이다.

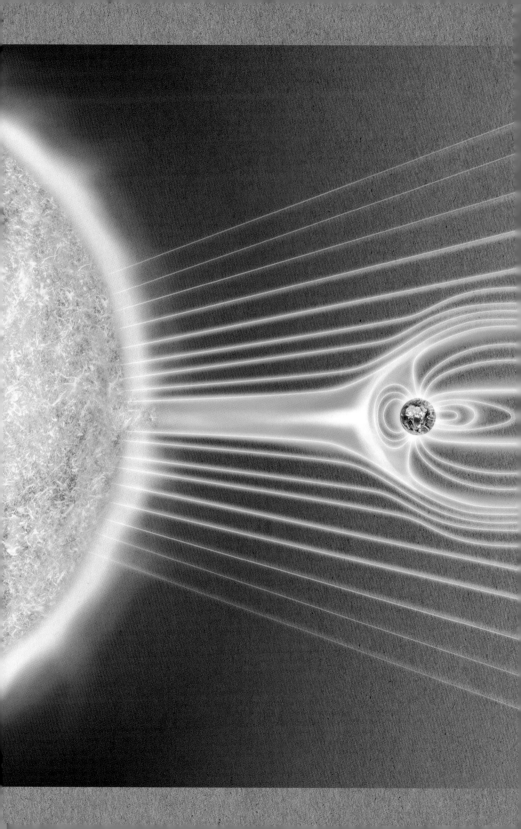

양자장이론

QUANTUM FIELD THEORY

30초 저자
레온 클리포드

3초 인물 소개
마르티뉘스 벨트만
1931~
양자장이론의 개척자 중 한사람인 덴마크 물리학자. 약한 핵력과 양자전기동역학(QED)의 통합에 기여.

제라드 토프트
1946~
벨트만과 약한 핵력을 공동연구하고, QCD와 양자중력을 연구한 독일 물리학자.

양자장이론(QFT, Quantum Field Theory)은 현대 입자물리학의 이론적 바탕이자 실제 세계의 특성을 이해하기 위한 수학적 토대라고 할 수 있다. 일반적으로는 양자화된 장을 다루는 이론을 총칭하지만, 좁은 의미로는 양자역학과 특수상대성이론이 결합된 이론을 말한다. 양자장이론이 도입됨에 따라, 다룰 수 있는 범위가 소수의 입자들에서 수없이 많은 입자계로 확장됨으로써 양자역학이 크게 보강되었다. 장(場)은 지도의 등고선처럼 공간 상의 모든 지점에 어떤 값이 존재하는 물리량을 말한다. 전자기장이 빛과 전자파를 기술하는 것처럼, 양자장은 기존의 양자역학에서는 불가능했던 방법으로 양자 수준에서 일어나는 현상들을 기술한다. 그리고 서로 연관된 몇 개의 방정식들만으로 양자 수준에서 장과 입자들을 다루는 것이 가능해졌다. 양자장이론은 파동과 입자를 장 속에서 일어나는 교란으로 취급한다. 예를 들면 빛은 전자기장에서 일어나는 일종의 물결이며, 전자는 전자기장이 두드러지게 들뜬 상태로 본다. 양자장이론은 이런 방식으로 자연현상에서 발견되는 파동-입자의 이중성을 명료하게 설명한다. 빛과 전자가 가진 파동과 입자적인 성질을 결합하여 장이라는 하나의 수학적 기술방법으로 나타내는 것이다. 힘과 입자와 같은 다른 형태의 결합도 마찬가지로 장이라는 하나의 수학적 개념으로 설명될 수 있다.

3초 요약
양자장이론은 자연에서 발견되는 모든 힘과 모든 입자들을 장들의 상호작용이라는 형태로 기술한다.

3분 보충
양자장이론은 아직 중력—공간상의 거리를 가로질러 작용하는 힘—을 완전히 양자적으로 기술하는데에는 성공하지 못하고 있다. 중력까지 양자장이론에 포함하게 되면 우리의 세계를 구성하는 모든 힘들과 입자들을 하나의 통일장이론으로 기술할 수 있게 될 것이며, 과학자들이 찾고 있는 '만물의 이론'에 한 발짝 더 가까이 다가서게 될 것이다.

태양풍으로부터 지구를 보호하는 자기장의 양자역학적 거동을 설명하기 위해서는 양자장이론이 필요하다.

양자전기동역학

QED BASICS

30초 저자
레온 클리포드

양자전기동역학(QED, quantum electrodynamics)은 19세기에 제임스 클라크 맥스웰이 발전시킨 고전적인 전자기이론을 양자역학, 특수상대성이론과 통합한 이론이다. 고전적인 전자기이론은 빛, 전파와 같은 전자기파와 전류를 전자기장의 개념으로 설명했다. 하지만 이 이론은 전하를 가진 전자와 빛을 실어나르는 광자가 발견되기 전에 나온 이론이어서 양자현상을 설명하는데 한계가 있었다. 반면에 양자역학은 전자와 광자의 거동을 잘 설명할 수 있었지만, 전자기장에 대해서는 효과적으로 설명할 수가 없었다. 게다가 원자핵을 중심으로 궤도운동을 하는 전자의 속도가 빛의 속도에 가까워져서 특수상대성이론이 적용되어야 하는 경우에도 양자역학은 한계가 있었다. QED의 탄생은 폴 디랙의 역할에 힘입은 바 컸다. 폴 디랙은 1920년대 말에 양자역학과 특수상대성이론을 통합하여 디랙 방정식을 만들었다. 그런데 디랙 방정식은 반물질의 존재를 예측함으로써 새로운 문제를 야기했다. 즉 입자와 반입자가 합쳐져서 소멸되면서 갑자기 에너지가 발생하고, 이 에너지는 다시 수많은 입자들의 쌍으로 응축될 가능성이 있었다. 디랙은 이 모든 입자들을 다룰 수 있는 새로운 이론이 필요하다는 사실을 깨달았고, 이렇게 탄생한 이론이 바로 QED이다.

3초 인물 소개
제임스 클라크 맥스웰
1831~1879
전기, 자기, 빛을 통합된 하나의 이론으로 기술한 영국의 물리학자.

폴 디랙
1902~1984
QED 이론의 토대를 쌓은 영국의 물리학자.

3초 요약
폴 디랙의 선구적인 업적을 통해 탄생한 QED는 전자기이론을 양자역학의 세계로 옮겨놓았다.

3분 보충
물리학의 역사는 연속적인 통합의 과정으로 볼 수 있다. 맥스웰은 전기와 자기, 빛을 전자기이론으로 통합했고, 아인슈타인은 특수상대성이론을 만들어 공간과 시간을 합쳤으며, 양자역학은 파동과 입자를 통합했다. 또한 디랙은 특수상대성이론과 양자역학을 융합시켰으며, 계속해서 전자기이론이 추가로 합쳐져서 QED가 이루어졌다. 이러한 물리학의 통합의 역사는 오늘날에도 계속되고 있다.

디랙은 맥스웰의 고전적인 전자기이론을 양자입자의 영역까지 확장했다.

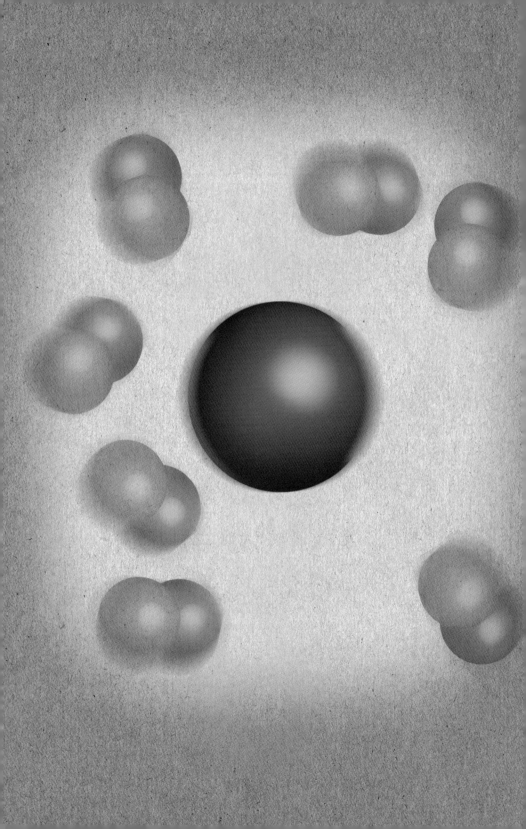

재규격화

THE PERILS OF RENORMALIZATION

재규격화는 양자장이론으로는 해결되지 않는 난제들을 풀기 위해 동원하는 수학적 기법이다. 양자전기동역학(QED)과 양자색역학도 이러한 수학적 해결방법으로 발전된 것들이다. 양자계 내에서는 입자와 반입자의 쌍들이 순간적으로 나타나고 사라지는 현상들이 계속 발생한다. 그래서 양자장이론으로 이러한 현상을 다룰 때는 무한대 문제가 발생한다. 수많은 입자들로 인해 나타나는 모든 효과는 어떤 방식으로 합하든 그 합이 무한대로 발산하는 결과가 되기 때문이다. 재규격화는 이처럼 양자장이론의 방정식들을 푸는 과정에서 생기는 무한대 문제를 해결하기 위해 고안된 것이다. 쉽게 말하자면, 재규격화는 무한대로 발산하는 요소들을 따로 모아서 서로 상쇄시키는 기법이다. 이렇게 상쇄시킨 이후에도 방정식 속에 남아 있는 문제 요소들은 실험을 통해 유한한 값을 산출한 다음 대체한다. 어떤 이론에 포함되어 있는 상수들의 개수가 유한하고 이들 상수의 값이 각각 결정될 수 있을 경우, 그 이론은 재규격화가 가능하다고 말한다. 양자장이론들이 물리학계에서 인정을 받기 위해서는 그 이론이 재규격화가 가능하다는 것을 입증하여야 한다. 많은 양자장이론들이 이 기준을 만족했지만, 양자중력이론은 지금까지 이 기준을 만족시키지 못하고 있다.

관련 주제

양자장이론
67쪽

양자전기동역학
69쪽

파인만 도표
73쪽

3초 인물 소개

리처드 파인만
1918~1988
재규격화 이론의 공동 창안자인 미국 물리학자.

줄리안 슈윙거
1918~1994
양자전기동역학의 재규격화를 완성한 미국의 물리학자.

도모나가 신이치로
1906~1979
독자적으로 재규격화 이론을 발전시킨 일본 물리학자.

30초 저자

레온 클리포드

3초 요약

재규격화는 중요한 문제를 푸는 멋진 수학적 기법이지만, 이 기법 창안에 크게 기여했던 리처드 파인만조차도 이를 '사기도박'이라고 불렀다.

3분 보충

재규격화의 위력은 의심할 여지가 없다. 하지만 재규격화 개발의 주역이었던 리처드 파인만은 이 기법에 만족감을 표시한 적이 없었다. 위대한 물리학자인 폴 디랙도 이 방법에 의구심을 갖고 있었다. 디랙은 자신의 방정식에서 이상한 해가 발견되었을 때, 이를 무시하지 않고 새로운 반물질로 해석했던 적이 있었다. 그렇다면, 무한대의 문제도 단순히 피해야 할 수학적 난점이 아니라, 실제 세계의 이면에 숨어 있는 심오한 어떤 것을 말해주는 것은 아닐까?

순간적으로 나타나는 입자/반입자의 쌍 때문에 생기는 무한대 문제를 해결하기 위해 재규격화 이론이 등장했다.

파인만 도표

FEYNMAN DIAGRAMS

30초 저자
레온 클리포드

3초 인물 소개
리처드 파인만
1918~1988
자신의 이름을 딴 도표를
창안한 미국 물리학자.

양자세계에서 일어나는 변화를 시각적으로 표현하는 방법 중의 하나가 파인만 도표이다. 즉 파인만 도표는 아원자 입자들 사이의 상호작용을 간단한 그림으로 나타낸다. 파인만 도표는 1940년대에 미국 물리학자인 리처드 파인만이 창안한 것으로서, 양자전기동역학에서 다루는 광자와 전자들의 상호작용 과정들을 쉽게 이해할 수 있도록 돕는 것이 그 목적이었다. 이 도표는 양자장이론의 모든 영역에 적용될 수 있으며, 고에너지 입자물리학에서 나타나는 복잡하고 긴 계산들도 간단한 그림으로 표시할 수 있기 때문에 아주 유용하다. 파인만 도표를 그릴 때는 몇 가지 규칙이 있다. 입자들은 물결선과 직선으로 나타내며, 경로의 방향은 화살표로 표시한다. 물결선은 상호작용을 뜻하며, 선들이 만나는 교차점은 상호작용이 일어나는 지점이다. 파인만 도표는 하나 이상의 상호작용을 표현할 수 있다. 수평 및 수직의 두 축은 각각 시간과 공간을 나타내며, 입자들은 시간과 공간을 따라 대각선 방향의 선들로 표시된다. 흥미로운 것은 반물질입자의 경우이다. 파인만 도표에서 반물질입자의 경로는 시간축상 물질입자가 움직이는 방향과는 반대방향으로 표시된다. 이것은 반물질입자의 경우 시간을 거슬러 움직이는 물질입자와 동등하게 취급할 수 있는 것으로 해석될 수 있다.

3초 요약
파인만 도표는 양자물리 세계에서 일어나는 입자들의 복잡한 상호작용을 즉각 이해가능한 그림으로 표현하여 단순화했다.

3분 보충
물리학을 바라보는 시각이 물리학에 대한 사고방식에도 영향을 미칠까? 파인만 도표는 쉽게 이해할 수 있는 시각적 지름길을 제공함으로써 물리적 세계에 대한 입자 중심의 시각을 제시했다. 이것은 양자장이론(QFT)의 연속적인 장의 개념과는 배치된다. 이로 볼 때, 과학적 이론이나 방법들은 모두 실제 세계의 실상이라기보다는 우리가 관측하게 될 것들을 예측하는 모델이라고 할 수 있다.

파인만의 멋진 도표는
양자전기동역학을 이해하는 데
핵심적인 수단임이 입증되었다.

시간 역행

BACKWARDS IN TIME

30초 저자
레온 클리포드

관련 주제
코펜하겐 해석
87쪽

다세계 해석
95쪽

EPR 패러독스
101쪽

3초 인물 소개
제임스 클라크 맥스웰
1831~1879
전기, 자기, 빛 이론을 하나의 이론체계로 통합한 영국 물리학자.

존 아치발드 휠러
1911~2008
리처드 파인만과 공동으로 선행파를 탐지할 수 없는 이유를 설명한 미국 물리학자.

제임스 클라크 맥스웰이 발전시킨 전기동역학의 유명한 방정식들은 시간을 거슬러 역주행하는 파동이 존재함을 예측했으며, 이는 그대로 양자역학으로 계승되었다. 맥스웰 방정식을 풀면, 시간적으로 순행하는 사건—예를 들면 전자가 전자기파 형태로 광자를 방출하는 사건—이 발생하면, 그와 동시에 시간적으로 역행하는 파동이 만들어진다. 시간을 따라 순행하는 파동들은 지연파라고 하며, 시간을 거슬러 역행하는 파동들은 존재하기도 전에 도달하기 때문에 선행파라고 부른다. 선행파는 맥스웰 방정식의 수학적 풀이의 결과이지만 기이한 개념이어서 통상 무시되어져왔다. 하지만 그 의미가 선행파의 존재를 부인한다는 뜻은 아니다. 양자역학의 해석 중에는 양자사건을 시간역행 파동과 시간순행 파동의 상호작용에 의한 결과로 설명하는 이론도 있다. 어쨌든 선행파는 아직까지 관측된 바 없다. 선행파가 관측되지 않는 이유는 열역학 제2법칙 때문이며, 실제로는 수학적 계산결과처럼 두 종류의 파동이 똑같은 양으로 발생한다는 주장도 있다. 열역학 제2법칙은 자연현상이 비가역적으로 일어난다는 것을 말한다. 그래서 열역학 제2법칙 때문이라는 의미는 시간순행 파동들이 발생된 이후 어느 시점에 모두 흡수되어버리기 때문에, 그 결과 시간역행 파동들이 존재했던 흔적들도 깡그리 지워져버린다는 뜻이다.

3초 요약
양자역학에서는 시간이 양방향으로 갈 수 있는 도로와 같다. 즉 파동은 시간을 순행하거나 역행하여 진행할 수 있으며, 이 중 순행하는 파동만 관측할 수 있다.

3분 보충
선행파가 탐지될 수 있다면, 이론적으로는 송신기를 이용해서 선행파를 과거 어느 시점의 지구로 보내서 메시지를 전달하는 것이 가능하다. 이게 가능하다면 어떤 결과가 초래될까?

관측 불가능한 선행파는 파동이 방출되던 시점의 파동원으로 시간을 거슬러 돌아갈 수 있다.

양자효과와 해석

양자효과와 해석
용어해설

광자 빛의 양자입자이며 전자기력을 운반한다. 20세기 이전에는 빛이 파동으로 취급되었지만, 그 후 빛은 질량이 없는 입자로도 취급될 수 있다는 것이 이론과 실험을 통해 밝혀졌다.

맨해튼계획 제2차 세계대전 당시 독일이 핵무기 개발을 시도하고 있다는 첩보에 대응하여 연합국 측이 추진한 원자폭탄 개발계획. 미국 주도하에 미국 내에서 진행되었지만, 영국과 캐나다도 중요한 역할을 했다. 이 계획을 담당했던 미육군의 사령부가 처음에 브로드웨이에 있었기 때문에 이렇게 이름 붙여졌다. 하지만 관련시설들은 여러 곳에 흩어져 있었고, 그중 핵심시설은 뉴멕시코주의 로스 알라모스에 있었다. 트리니티라는 암호명이 붙여진 최초의 원자폭탄 실험은 1945년 7월 16일에 화이트 샌드 시험장에서 이루어졌으며, 4주 후에 일본에 원자폭탄이 투하되었다.

봄 확산 자기장의 영향 하에서 플라스마(하전된 이온들의 집합체)가 퍼져나가는 속도를 나타내는 수학적 관계식. 이 확산과정은 기체의 확산보다 훨씬 복잡하지만, 오로지 온도와 자기장의 세기와 상수만 포함되어 있는 단순한 공식에 의해 기술된다.

사고실험 어떤 개념이나 새로운 아이디어를 입증하기 위해 머릿속으로 진행하는 실험이며 실제로 시행되지는 않는다. 슈뢰딩거의 고양이(49쪽 참조) 실험은 물리학 역사상 가장 유명한 사고실험이다. 아인슈타인은 사고실험을 즐겨 사용했으며, 특히 양자이론을 비판하는 데 많이 사용했다. 아인슈타인의 가장 유명한 사고실험은 EPR 역설(101쪽 참조)이며, 이 사고실험 덕분에 양자 얽힘을 입증하는 실제 실험이 개발되었다.

알파입자/알파붕괴 알파입자는 두 개의 양성자와 두 개의 중성자로 구성된 헬륨 원자핵을 말한다. 어떤 원자가 방사성붕괴를 일으킬 때 원자핵의 질량에 결손이 생기고, 이것이 세 가지 형태의 에너지로 방출되는데 알파입자, 베타입자, 감마선이 그것이다.

제로시간 터널링 효과 양자입자는 관측하기 전에는 정확한 위치가 정해지지 않기 때문에, 절대로 통과할 수 없는 장애물도 통과할 확률이 있다. 이는 양자입자의 파동적 성질 때문이다. 즉 파동은 장애물을 만나면 일부는 반사되고 일부는 통과한다. 이런 현상을 양자 터널링 효과라고 한다. 장벽이 포함된 경로를 지나가는 입자를 측정하는 실험에서, 입자가 터널링 효과에 의해 장벽을 통과하는데 걸리는 시간은 제로로 나타난다. 그래서 이를 '제로시간 터널링 효과'라고 한다.

중첩상태 중첩상태는 양자이론에서 고유하게 나타나는 현상으로서, 우리 주위의 일상적인 물체에서는 볼 수 없다. 중첩상태는 양자입자가 두 개의 가능한 값—스핀의 경우 '업' 또는 '다운'—을 한꺼번에 갖는 상태를 말하는데, 이는 하나의 실제 값을 갖지 못하고 둘 중 하나의 값이 될 확률을 갖는다는 것이다. 그런데 중첩상태를 관측하게 되면 그 상태가 붕괴되어 하나의 실제 값이 된다. 실

생활의 물건인 동전을 던지면 앞면 아니면 뒷면이 나온다. 동전을 보기 전에는 두 상태 모두 50퍼센트의 확률을 갖는다. 하지만 실제로는 보기 전에도 동전은 앞면과 뒷면 둘 중 하나의 값을 이미 갖고 있다. 그러나 중첩 상태에 있는 양자입자의 경우에는 특정 값을 갖지 않으며, 오직 확률만 갖는다.

파동함수 양자물리에서 파동함수는 입자의 양자상태의 시간적 변화를 기술하는 수학적 공식이며, 슈뢰딩거의 파동방정식이 대표적이다. 여기서 파동은 입자 그 자체가 아니라 양자상태가 특정 값을 가질 확률의 시간적 변화를 나타낸다. 예를 들면 파동함수는 어떤 입자를 어느 위치에서 찾을 확률을 나타낼 수 있으며, 확률은 파동함수의 제곱으로 계산된다.

빔 분리기

BEAM SPLITTERS

30초 저자
브라이언 클레그

관련 주제
양자 이중슬릿
35쪽

양자 터널링
83쪽

EPR 패러독스
101쪽

3초 인물 소개
아이작 뉴턴

1642~1727
중력과 운동법칙으로 유명하며 광학 분야에서도 왕성한 연구활동을 한 영국 물리학자.

마이클 혼

1943~
양자이론과 양자 얽힘 연구를 선도하는 미국 물리학자로서 빔 분리기 전문가.

빔 분리기라는 정교한 양자장치는 사실 모든 사람들이 경험해본 장치라 할 수 이다. 유리창문이 일종의 빔 분리기이기 때문이다. 밤에 불 켜진 방 안에서 창밖을 내다보라. 여러분은 창문에 반사된 자신의 모습을 선명하게 볼 수 있을 것이다. 그런데 밖으로 나와서 방 안을 들여다보면, 일부—약 5퍼센트 정도—의 빛만 반사되고 대부분의 빛은 그대로 통과된다는 사실을 알 수 있다. 사실 이러한 현상은 항상 일어나고 있지만, 낮에는 반사된 빛이 거의 보이지 않고 밤에만 선명하게 볼 수 있을 뿐이다. 이 현상은 흥미로운 문제를 제기한다. 왜 어떤 빛은 창문을 통과하고, 어떤 빛은 창문을 통과하지 못할까? 뉴턴은 빛이 작은 입자들로 이루어져 있다고 생각했는데, 빛의 투과 문제에 대해서는 그 이유를 설명하지 못했다. 그는 유리 표면이 고르지 못한 것이 원인일 것이라고 생각했지만, 그의 생각은 실험적인 뒷받침을 받지 못했다. 이제 우리는 이것이 광자의 양자적 특성 때문임을 안다. 우리는 특정 광자에 대해 반사될 것이지 여부는 알 수가 없다. 단지 그 광자가 반사될 확률만 알 수 있을 뿐이다. 놀라운 것은 유리의 안쪽 표면으로부터 반사되는 비율이 유리의 두께에 따라 달라진다는 사실이다. 이는 입사되는 광자가 유리표면이 아니라 유리판 전체에 고루 분포되어 서로 상호작용한다는 것을 의미한다. 그래서 광자의 반사율이 두께의 영향을 받는 것이다.

3초 요약
창문은 광자의 일부를 통과시키는 빔 분리기라는 양자장치이다. 이것은 양자입자의 확률적 성질을 몰랐던 뉴턴을 당황하게 했다.

3분 보충
빔 분리기는 입자들 또는 입자집단들을 얽힘상태로 만들 수 있다. 즉 관측이 이루어지지 않은 상태에서 빔 분리기에 광자를 보내면, 이 광자는 중첩상태에 있다. 그래서 우리는 광자가 빔 분리기에서 반사되거나 빔 분리기를 통과할 확률만 알 수 있을 뿐이다. 이들 각각의 경로를 지나는 광자를 원자구름과 상호작용시킨 다음 편광형 빔 분리기를 통과시킨다. 마지막으로 광자에 대한 관측이 이루어지면 원자구름에는 얽힘상태가 발생된다. 상세한 내용은 복잡한 수학이 필요하지만 이 과정은 유효하다.

대부분의 빛은 창문을 통과하지만, 일부는 반사된다.
뉴턴은 그 이유를 설명하려고 노력했다.

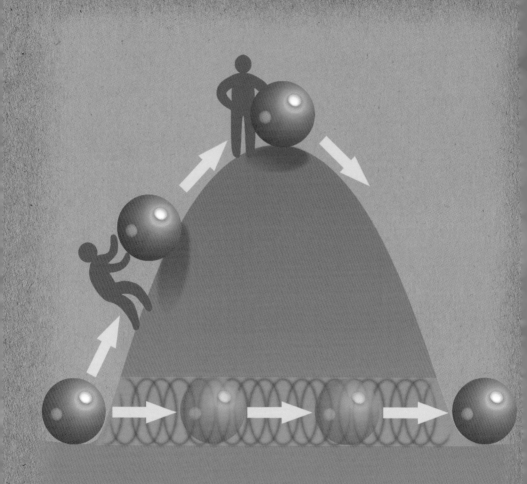

양자 터널링

QUANTUM TUNNELLING

30초 저자
필립 볼

관련 주제
조지프슨 접합
129쪽

3초 인물 소개
프리드리히 훈트
1896~1997
양자화학의 개척자인 독일의 물리학자. 분자에서 방출된 빛 스펙트럼에서 터널링의 중요성을 처음으로 인지했다.

조지 가모프
1904~1968
러시아 태생의 미국 이론물리학자. 양자 터널링을 이용하여 알파 붕괴를 설명했다.

게르트 비니히
1947~
하인리히 로러
1933~2013
독일 및 스위스 물리학자로서 1980년대에 '주사터널링 현미경'을 발명했으며, 그 공로로 1986년에 노벨물리학상을 공동수상.

언덕 위로 공을 굴려 올릴 때, 공을 움직일 수 있는 에너지가 부족하다면 공을 언덕 너머로 옮겨 놓을 수가 없다. 이것은 너무나도 명백한 사실이지만, 양자물리학에서는 그렇지 않을 수가 있다. 전자나 광자와 같은 양자물체는 에너지가 충분하지 않은 경우에도 장벽을 통과할 수 있다. 이것을 양자 터널링 효과라고 한다. 양자입자의 경우에는 그 위치를 정확하게 특정할 수 없으며, 오직 파동함수를 통해 입자가 어느 위치에서 발견될 확률만 나타낼 수 있다. 바로 이런 양자적 특성 때문에 양자 터널링 효과가 발생한다. 즉 장벽이 있으면 파동함수의 세기는 약해지지만, 장벽 반대편에서조차도 그 세기가 완전히 없어지지는 않는다. 그래서 그 크기가 아주 작긴 하지만, 장벽 너머에서도 입자가 발견될 확률은 존재한다. 터널링 현상은 여러 자연현상을 설명하는 데 중요한 역할을 한다. 가령 알파입자가 원자핵의 강한 속박력으로부터 벗어나서 방사성붕괴를 일으키는 현상은 터널링 효과로 설명할 수 있다. 별들 사이의 차가운 공간에서 모종의 화학적 반응이 일어나서 촉진되는 현상도 마찬가지다. 또한 터널링 효과는 기술적으로 활용되기도 하는데, 다이오드가 바로 그런 사례이다. 다이오드는 두 종류의 반도체를 접합시켜 만든 전자관으로서, 전자는 터널링 효과에 의해 접합부를 통과하게 된다.

3초 요약
양자 터널링은 양자입자가 장벽을 넘어갈 수 있는 충분한 에너지를 갖고 있지 않더라도 그 장벽을 통과하는 현상이다.

3분 보충
양자 터널링은 반도체 마이크로전자공학 분야에서 유용하게 쓰이는 개념이지만 골칫거리이기도 하다. 실리콘 칩에 탑재된 트랜지스터의 크기가 작아지면서 절연층이 원자수준으로 얇아지면, 전자의 터널링이 일어나 격벽의 누설현상이 나타난다. 이렇게 되면 이 장치를 끌 수가 없게 된다. 지금까지는 절연체의 소재를 실리콘 다이옥사이드에서 하프늄 다이옥사이드로 교체하여 이 문제를 해결해왔다.

터널링하는 입자는 장벽 주위의 공간을 통하지 않고 바로 A에서 B로 이동해서 장벽을 넘는다.

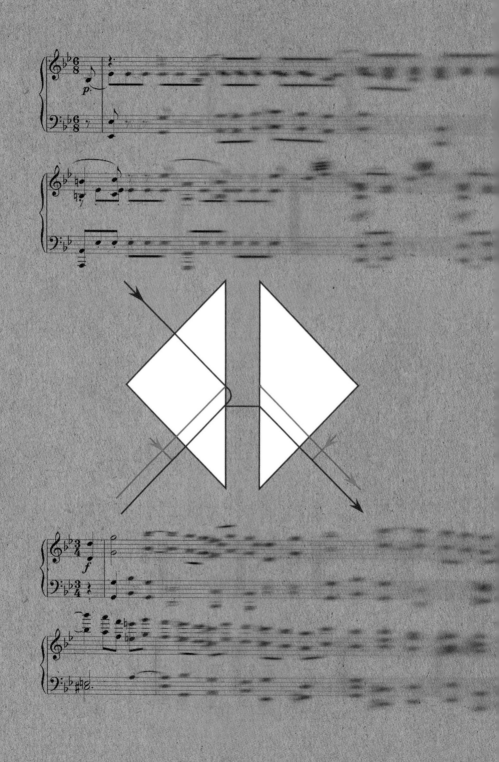

초광속실험

SUPERLUMINAL EXPERIMENTS

30초 저자
브라이언 클레그

3초 인물 소개
아이작 뉴턴
1642~1727
중력과 운동법칙으로 유명하며 광학 분야에서도 왕성한 연구활동을 한 영국 물리학자.

귄터 님츠
1936~
전자기파가 인체에 미치는 영향과 양자 터널링의 초광속 효과를 연구한 독일 물리학자.

레이몬드 차오
1940~
양자광학의 전문가인 미국 물리학자.

님츠는 두 개의 프리즘 사이의 터널링을 이용하여 모차르트 교양곡을 빛보다 빠르게 전송했다.

양자물리의 놀라운 결과 중의 하나는 광자들이 빛의 속도보다 빠르게 이동할 수 있다는 것이다. 이는 '초광속' 실험을 통해 입증된 사실인데, 이 실험에서는 광자들을 통과가 불가능한 장벽 쪽으로 보낸다. 양자이론에 따르면 광자의 위치는 특정할 수 없으며, 광자가 이미 장벽 너머의 반대쪽에 있을 확률이 작더라도 존재한다. 그래서 소수의 광자들은 이러한 터널링 효과에 의해 순간적으로 장벽 반대편으로 옮겨진다. 예를 들어 장벽의 넓이가 1단위거리라고 하자. 그리고 장벽의 어느 쪽에서든 광자가 장벽을 가로질러 이동하는 거리는 같다고 하자. 그러면 빛이 통상 2단위거리를 진행하는 데 걸리는 시간 동안에, 터널링에 의해 이동한 광자는 3단위거리를 진행한다. 말하자면, 이동속도가 빛의 속도의 1.5배가 되는 것이다. 과거에 유사한 실험을 했던 실험물리학자 레이몬드 차오는, 초광속현상이 존재하지만, 터널링하는 광자는 소수이고 무작위로 일어나기 때문에 정보를 담은 신호를 전달하는 것은 불가능하다고 주장했다. 하지만 1995년에 귄터 님츠는 변조된 빔의 터널링을 통해 모차르트의 교향곡 40번을 장벽 너머로 빛의 속도보다 4배 이상 빠른 속도로 전송했다면서, 그 소리를 녹음하여 들려주었다. 신호전달 문제는 여전히 논란이 되고 있다. 빛보다 빠른 신호전달이 가능하다는 주장도 있고, 육상선수가 결승선을 먼저 끊기 위해 몸을 앞으로 기울이는 것처럼 전송과정에서 생긴 단순한 변형에 불과하다는 주장도 있다.

3초 요약
양자입자들의 터널링 현상은 즉각적으로 이루어지기 때문에, 터널링을 하는 광자들은 빛보다 빠르게 이동하는 것으로 보인다.

3분 보충
과거에 행해진 대부분의 실험들은 소형 도파관이나 광격자처럼 고도의 기술적 장벽을 사용했다. 그런데 님츠는 뉴턴이 발견했던 터널링 사례를 자주 이용했다. 빛을 프리즘에 직각으로 입사시키면, 빛은 유리의 뒷면을 맞고 모두 튕겨져 나간다. 뉴턴은 두 번째 프리즘을 첫 번째 프리즘에 가까이 위치시키면 빛의 일부가 통과하는 현상을 발견했다. 두 프리즘 사이의 간극에 의해 형성된 장벽을 광자가 터널링하기 때문에 이러한 현상이 일어난다.

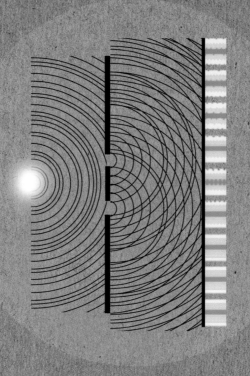

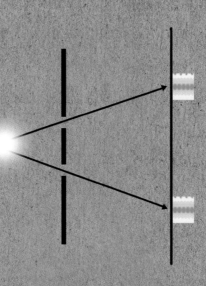

코펜하겐 해석

COPENHAGEN INTERPRETATION

30초 저자
필립 볼

1920년대에 양자이론이 형태를 갖추게 되자, 그 모습은 훨씬 더 기이하게 보였다. 슈뢰딩거의 방정식은 입자가 파동처럼 거동한다는 것을 나타냈고, 양자입자들은 중첩상태로 존재했다. 하이젠베르크는 자연에 근원적인 불확정성이 존재한다는 불확정성 원리를 만들어냈다. 이 모두가 도대체 어떤 의미인가? 코펜하겐에서 연구하고 있던 닐스 보어는 하이젠베르크를 비롯한 일단의 물리학자들과 함께 양자이론에 대한 황당한 해석을 내놓았다. 지금은 코펜하겐 해석으로 불리는 이 해석은 과학을 통해 언제나 사물을 규명할 수 있다는 오랜 믿음을 깨뜨려버렸다. 양자이론은 정확한 답변이 불가능한 질문들이 있고, 두 개의 실험결과가 서로 양립할 수 없는 가능성도 있다는 점을 인정했던 것이다. 이중슬릿을 향해 빛을 쏘는 고전적인 실험을 예로 들어보자. 빛이 어느 슬릿을 통과했는지를 탐지하지 않으면, 빛은 슬릿 후면에 밝고 어두운 띠가 번갈아 나타나는 간섭무늬를 만들어낸다. 이는 파동의 특징적인 현상이다. 그런데 탐지기를 설치하여 빛이 어느 슬릿을 통과했는지를 관측하면, 이러한 간섭무늬는 더 이상 나타나지 않는다. 왜 이런 현상이 일어날까? 코펜하겐 해석에 따르면, 빛이 어느 슬릿을 통과하는지는 정해지지 않는다. 오직 각각의 슬릿을 통과할 확률만 존재할 뿐이다. 그런데 우리가 빛의 경로를 관측하면, 이 행위에 의해 빛이 통과한 슬릿이 결정된다는 것이다. 양자이론의 근본적인 요소는 바로 확률과 관측이다.

관련 주제

파동-입자의 이중성
31쪽

양자 이중슬릿
35쪽

슈뢰딩거 방정식
45쪽

하이젠베르크의 불확정성 원리
51쪽

3초 인물 소개

데이비드 머민
1935~
코펜하겐 해석을 "입 닥치고 계산해!"로 바꿔 쓴 것으로 유명한 미국 물리학자.

3초 요약
코펜하겐 해석에 따르면, 양자계에서는 관측(측정) 행위가 근본적인 의미를 가진다.

3분 보충
코펜하겐 해석의 핵심요소는 보어가 제안한 상보성의 개념이다. 상보성은 서로 다른 두 종류의 실험에서 얻은 결과가 반드시 서로 양립될 필요는 없다는 것이다. 즉 동일한 물체에 대해 어느 실험에서 얻은 결과가 입자라면 다른 실험에서는 파동일 수가 있다. 하나의 물체가 두 가지 성질을 모두 가질 수 있다. 오늘날 많은 물리학자들이 이 기이한 개념을 사실로 받아들이고 있지만, 닐스 보어와 그의 연구진들은 한 걸음 더 나아가 상보성의 개념을 생물학, 윤리학, 종교, 정치와 심리학 분야로 확장하려까지 했다.

상보성은 빛이 파동(위 그림) 또는 입자(아래 그림)로 거동할 수는 있지만, 파동인 동시에 입자가 될 수는 없다는 의미다.

봄 해석

BOHM INTERPRETATION

30초 저자
레온 클리포드

양자계에 대한 관측(측정)이 이루어질 때 파동함수가 붕괴된다는 코펜하겐 해석은 관측이라는 행위가 양자현상에 영향을 미친다는 의미여서 학자들 간에 많은 논란을 불러일으켰다. 하지만 양자현상에 대한 해석에는 이와 다른 이론도 있다. 다른 이론에 따르면, 관측자가 있든 없든 상관없이 입자들은 특정 시점에 오로지 특정 위치에만 있기 때문에 양자물리에서 측정 문제가 야기될 여지가 없다고 한다. 예를 들어 이중슬릿 실험의 경우 입자들은 양쪽의 슬릿을 동시에 통과하지는 않으며, 각 입자는 어느 쪽이든 하나의 슬릿만 통과한다. 이 모델에 따르면, 파동함수는 실험이 종료되는 시점에서의 입자들의 분포를 결정하는 역할을 하며, 국부적으로 일어나는 파동함수의 붕괴는 이미 분명하게 결정된 경로를 따라 진행하고 있는 입자들에 대해 특정 시점에 특정의 측정을 실시한 결과일 뿐이라는 것이다. 양자역학에 대한 이러한 인과론적이고 결정론적 접근방법은 현재 광범위하게 받아들여지고 있는 확률론적 접근방법인 코펜하겐 해석과는 극명한 대조를 이룬다. 근본적인 시각의 차이를 보이는 이 이론은 창안자인 미국의 이론물리학자 데이비드 봄의 이름을 따서 봄 해석이라고 부른다. 또한 이와 유사한 아이디어가 양자역학 태동기에 루이 드브로이에 의해 제안된 적이 있어서 이를 드브로이-봄 이론이라고 부르기도 한다.

관련 주제

코펜하겐 해석
87쪽

다세계 해석
95쪽

EPR 패러독스
101쪽

벨 부등식
103쪽

3초 인물 소개

루이 드브로이

1892~1987

양자역학에 대한 확률적 접근을 탐구하기 시작한 프랑스 물리학자.

3초 요약

봄은 양자역학에서 확률이라는 요소를 제거함으로써, 현재 대세를 차지하고 있는 코펜하겐 해석에 도전장을 내밀었다.

3분 보충

실재 세계가 결정론적인 구조에 토대를 두고 있고, 뇌의 활동을 포함해서 우리가 살고 있는 세계의 모든 것들이 우주 전체를 통할하는 물리적 법칙에 의해 결정된다고 하면, 자유의지란 것이 정말 존재하는가?

봄 해석은 우주가 시계처럼 작동하며 모든 것이 정해져 있다는 견해를 되살리려고 한다.

1917년 12월 20일
미국 펜실베이니아주
윌크스바에서 출생

1939년
펜실베이니아주립대학교를
졸업하다

1940년
버클리에 있는
캘리포니아대학에서 로버트
오펜하이머 지도하에
연구학생으로 수학하다

1943년
핵산란에 관한 연구로
박사학위를 취득하다. 버클리
방사선연구소에서의
연구업적이 맨해튼계획에
기여하다

1947년
프린스턴대학으로 옮겨 물리학
조교수가 되다. 알베르트
아인슈타인과 공동연구를 하며
플라스마, 금속, 양자역학을
연구하다

1949년
자기장 내에서의 플라스마의
확산법칙—봄 확산—을
발견하고 연구논문을 발간하다

1951년
브라질로 이주하여 첫 번째
저서이자 전통적 관점에서
서술된 『양자이론』을 출간하다

1957년
영국으로 옮겨, 양자역학에
대한 자신의 결정론적 시각을
담은 『현대물리학에서의
인과성과 우연』을 출간하다

1959년
야키르 아로노프와 공동으로
전자기 퍼텐셜이 단순한 수학적
개념이 아니라 실재함을 밝힌
아로노프-봄 효과를 발견하다

1980년
현실의 저변에 근원적인 원리가
존재한다는 믿음을 드러낸
『완전성과 암묵적 질서』를
출간하다

1990년
왕립학회 회원으로 선출되다

1992년 10월 27일
런던에서 사망

1993년
봄 해석의 핵심 저서인
『불가분의 우주: 양자이론에
대한 존재론적 해석』을 사후에
출간하다(바질 힐리와 공저)

데이비드 봄

양자역학에 대한 코펜하겐 해석에 의문을 던졌던 이론물리학자인 데이비드 봄의 삶은 한 마디로 '세상의 저변 깊숙이 존재하는 질서에 대한 탐구'라고 요약할 수 있다. 그는 양자역학에 대한 연구에 심혈을 기울였고, 장년이 되어서는 동양의 신비주의에 경도되기도 했다. 또한 1930년대에는 공산주의에 관심을 가졌고, 결국은 공산주의 관련단체에 연루되었다는 이유로 조국인 미국을 떠나 사실상의 추방생활을 해야 했다.

1949년에 봄은 자신의 박사학위 논문 지도교수였던 로버트 오펜하이머를 공산주의 동조자로 증언하라는 의회의 요구를 거절했다. 봄은 체포되어 의회 모독죄로 기소되었다. 재판 끝에 무혐의로 풀려나긴 했지만 프린스턴대학의 조교수직에서 해임되고 말았다. 이때부터 봄은 해외생활을 전전했다. 1951년에 브라질로 이주했다가 1955년에 이스라엘로 옮겼고, 1957년에 다시 영국으로 옮겨 마침내 자리를 잡았다. 1961년 런던대학교 버크벡캠퍼스의 이론물리학 교수가 되었으며, 여기서 양자역학에 대한 독자적인 해석의 주요내용들을 발전시켰다.

봄에게 큰 영향을 미친 학자로는 두 사람을 들 수 있다. 첫 번째는 프린스턴대학의 물리학 교수인 알베르트 아인슈타인이고, 두 번째는 런던대학의 철학 교수인 지두 크리슈나무르티였다. 두 학자는 서로 다른 방법으로

봄이 과학과 사회 속의 질서를 탐구하는 데 도움을 주었다. 양자역학에 대한 아인슈타인의 끊질긴 문제 제기와 "신은 주사위놀이를 하지 않는다"는 그의 시각은 젊은 봄의 심금을 울렸다. 또한 크리슈나무르티의 정신세계는 우주의 단일성에 대한 봄의 생각에 철학적 깊이를 더하게 했다.

봄은 우주의 저변 깊숙이 그 실체가 있으며, 우리 주변의 세계는 이처럼 숨겨진 진실이 투영되어 나타난 유령과 비슷한 것이라고 믿었다. 진실된 실체는 우리의 사고과정에 의해 만들어지는 착각으로부터 자유로운 마음에 의해서만 어렴풋이나마 볼 수 있는 것이라고 봄은 생각했다. 우리가 눈으로 보는 우주—시공간의 우주, 입자들, 양자역학—는 깊숙이 내재된 실체가 자연스럽게 펼쳐진 것이라고 해석했다. 그는 이것을 암묵적 질서라고 불렀다.

이러한 봄의 믿음은 양자역학에 대한 새로운 해석으로 그 결실을 맺었다. 우주 전체에 대해 단 하나의 파동방정식이 있어서, 존재하는 모든 입자들의 경로를 결정론적으로 나타낸다는 것이다. 이 파동방정식은 슈뢰딩거의 방정식에 비례해서 발전될 수 있다. 이처럼 인과론적이고 결정론적인 봄의 관점은 코펜하겐 해석의 확률론적 설명과는 대조를 이룬다. 양자역학에 대한 봄의 비정통적인 시각은 물리학자들에게 쉽사리 받아들여지지는 못했지만, 논리적인 대안으로 여전히 남아 있다.

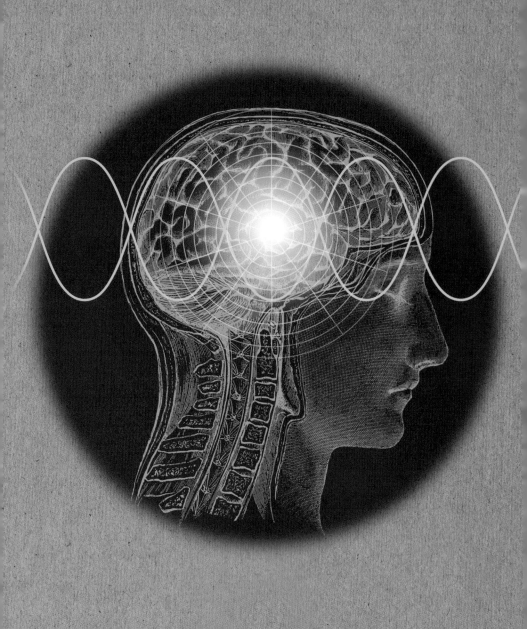

의식에 의한 붕괴

CONSCIOUSNESS COLLAPSE

30초 저자
레온 클리포드

관련 주제
슈뢰딩거의 고양이
49쪽
파동함수의 붕괴
53쪽

3초 인물 소개
유진 위그너
1902~1995
인간의 의식과의 상호작용이 파동함수를 붕괴시키는 원인이라고 최초로 주장한 헝가리 태생의 물리학자.

존 폰 노이만
1903~1957
의식을 양자파동함수의 붕괴와 관련된 일련의 과정의 한 부분이라고 주장한 헝가리 태생의 수학자.

양자이론에 따르면, 양자계에 대한 관측이나 측정이 이루어질 때 파동함수가 붕괴하게 된다. 즉 양자계의 모든 가능한 상태들이 합쳐져서 하나의 관측된 상태만 나타나게 된다. 이 현상을 설명하기 위해 코펜하겐 해석, 다세계 해석, 봄 해석과 같은 여러 이론들이 나타났다. 하지만 파동함수의 붕괴를 일으키는 원인과, 측정과정에서 실제로 붕괴가 일어나는 시점에 대해서는 여러 가지 의견이 제기되고 있다. 그중에는, 지금은 동조자가 그리 많지는 않지만, 의식을 가진 관측자가 측정과정에 참여할 때에만 파동함수가 붕괴한다는 주장이 있다. 이 주장에 따르면 오로지 의식이 있는 관측자만이 하나의 특정한 관점을 취해서 세상을 볼 수 있기 때문에, 이들은 자신이 인식하고 있는 하나의 상태에 있을 것이고 동시에 여러 가지 상태에 있을 수는 없다. 의식의 이러한 요건이 파동함수를 특정한 하나의 상태가 되도록 붕괴시킨다는 것이다. 물리학자 유진 위그너는 양자이론의 유명한 '슈뢰딩거의 고양이'라는 사고실험을 변형시켜서 이 개념을 설명했다. 즉 위그너는 상자 안에 고양이와 함께 친구가 있다고 가정했다. 이 친구의 의식 있는 마음이 상자 안의 파동함수를 붕괴시켜서 고양이의 상태를 살아 있든지 아니면 죽었든지 둘 중 하나의 상태로 결정한다는 것이다.

3초 요약
여러분은 단지 쳐다보는 것만으로도 양자세계에 영향을 미칠 수가 있다. 그런데 이 과정에 의식이라는 것이 꼭 필요한가?

3분 보충
우리의 마음과 양자세계가 어느 정도 상호작용할 수 있다는 가능성이 제기되면서 우리의 의식이 양자현상이라는 논의가 일어났다. 우리의 뇌도 궁극적으로 원자로 구성되어 있고 전기적 신호를 사용하고 있으며, 이것들은 모두 물리법칙을 따른다. 그렇다면 언제가는 양자역학이 인간 의식의 신비를 풀 해답을 가져다줄 날이 올 수도 있지 않을까?

일부 물리학자들은 인간처럼 의식을 가진 관측자가 파동함수의 붕괴를 야기한다고 주장했다.

다세계 해석

MANY WORLDS INTERPRETATION

30초 저자
브라이언 클레그

3초 인물 소개

휴 에버렛 3세
1930~1982
다세계 해석을 최초로 제안한 미국 물리학자.

브라이스 드윗
1923~2004
다세계 해석이라는 이름을 짓고 대중화시킨 미국 물리학자.

양자입자가 동시에 하나 이상의 상태에 있을 수 있고, 양자입자의 위치를 예측하는 확률파 또한 양자입자가 하나 이상의 장소에 존재하는 것과 같은 양상을 나타낸다는 코펜하겐 해석을 많은 물리학자들이 받아들이고 있다. 하지만 이것을 무리한 해석이라고 생각하는 물리학자들도 있다. 그중 한 사람인 휴 에버렛은 양자입자의 이상한 거동을 합리적으로 설명할 수 있는 다른 방법을 찾아나섰다. 그는 일대 논란을 불러일으킨 박사학위 논문에서 다세계 해석이라는 이론을 제시했고, 그 이후에도 이 연구에 많은 시간을 쏟았다. 관측 순간에 특정값으로 붕괴된다는 것은 파동이라는 개념에 근거를 두고 있다. 그런데 다세계 해석은 이와 달리 양자입자가 하나 이상의 상태를 가질 때마다 각 상태에 대응하는 우주의 갈래가 생긴다고 설명한다. 즉 입자의 상태마다 각각 다른 형태의 우주가 있고, 각 우주에는 하나의 상태만 존재한다. 우리는 이들 여러 세계 중에서 하나의 세계만 실제로 경험할 수 있다. 이 해석에 따르면, 이중슬릿 실험에서 하나의 광자나 전자가 자기자신과 상호작용해서 간섭무늬를 만들어내는 이유를 걱정할 필요가 없다. 첫 번째 슬릿을 통과하는 것은 첫 번째 우주에서 일어나고, 두 번째 슬릿을 통과하는 것은 두 번째 우주에서 일어난다. 우리는 하나의 우주만 직접 경험할 수 있지만, 서로 다른 우주들이 상호작용해서 밝고 어두운 간섭무늬가 만들어지는 결과는 우리가 볼 수 있기 때문이다.

3초 요약
1957년 당시 '상대 상태 공식화'라고 불렸던 다세계 이론은 무수히 많은 평행우주의 존재를 제안하고 있다.

3분 보충
다세계 해석이 사실이라면, 양자이론의 유명한 패러독스인 슈뢰딩거의 고양이 문제가 쉽게 해결된다. 즉 하나의 세계에서는 고양이가 살아 있고 다른 세계에서는 고양이가 죽어 있으며, 두 가지 상태가 동시에 동일한 세계에 존재하지는 않는다. 양자적 상태의 가능한 모든 경우마다 각각 갈래진 세계가 존재한다. 하지만 다세계이론은 모든 양자입자들이 변화를 일으킬 때마다 새로운 세계의 존재가 요구되기 때문에, 이러한 복잡성에 대해 문제를 제기하는 물리학자들이 많다. 코펜하겐 해석의 기이함을 해결하기 위해 너무 많은 대가를 치러야 한다고 생각하는 것이다.

다세계이론에서는, 양자레벨에서 하나 이상의 가능한 결과가 나올 때마다 그것에 상응하는 새로운 세계가 생겨난다.

양자 얽힘

양자 얽힘
용어해설

국소적 실재 하나의 양자입자는 근처에 있고 (국소성) 실제값(실재)을 가진 다른 입자에게만 영향을 미칠 수 있다는 개념. 아인슈타인은 양자이론에 결함이 있거나 또는 양자입자들에게 국소적 실재가 존재하지 않음을 보이기 위해 EPR 사고실험(101쪽 참조)을 제기했다.

마이크로파 캐비티 스펙트럼상 마이크로파 영역에 속하는 전자기파가 담겨 있는 금속 공동. 이 공동은 특정 진동수로 진동할 수 있는 줄처럼 공명체 역할을 한다. 하지만 마이크로파 캐비티 내의 파는 양쪽 끝이 고정된 줄에서 생기는 물리적 파동이 아니라, 공동의 금속 벽 사이에서 발생하는 전자기파이다.

MRI 스캐너 종전에는 NMR(핵자기공명) 스캐너라고 알려졌던 의료기기. 강력한 초전도 자석을 이용해서 생명체 내의 물분자 속에 있는 수소원자핵의 양성자의 양자스핀을 조정하며, 이때 분자들이 작은 송신기처럼 신호를 발생시키는데 이 신호를 탐지한다. 127쪽 참조.

비트(bit) 이진수인 BInary digiT의 약어. 컴퓨터 저장단위로서 0 또는 1의 값을 갖는다.

숨은 변수 아인슈타인을 비롯한 일부 물리학자들은 양자이론에 대한 확률론적 설명에 의문을 제기했다. 이들은 관측된 실제값이 확률적 성질에 근거한 것이 아니라, 숨어 있는 실체에 의해 제공된 것이라고 믿었다. 이 숨어 있는 값을 숨은 변수라고 한다.

암호화 정보의 내용을 숨기기 위해 의미를 알 수 없는 형식으로 정보를 변환하는 것.

양자 얽힘 둘 이상의 양자입자들이 서로 아무리 떨어져 있더라도 한 입자에 생긴 변화가 다른 입자의 상태에 즉각적으로 영향을 미친다는 양자역학의 근본 이론. 이것은 입자들이 빛보다 빠른 속도로 서로 '교신'한다는 의미이기 때문에, 아인슈타인은 불가능한 일이라고 생각했다. 하지만 실험을 통해 양자 얽힘은 계속 입증되고 있다.

양자점 가상원자처럼 거동하는 반도체 나노 입자. 양자기술에 이용되며, 특히 전자기기와 태양전지, 양자컴퓨터기술에 사용된다. 133쪽 참조.

운동량 보존 어떤 물체의 운동량은 그 물체의 질량과 속도를 곱한 값이며, 물리계의 운동량은 보존된다. 그래서 정지상태의 입자(운동량은 0)가 두 개의 운동하는 입자로 쪼개지면, 두 입자는 각각 크기가 같고 부호가 반대인 운동량을 갖는다.

일회용 난수표 1918년에 고안된 난공불락의 암호화 수단. 암호화된 메시지는 무작위로 선정된 숫자로 이루어져 있으며, 메시지 자체가 무질서한 형태이기 때문에 이론상 해독이 불가능하다. 그럼에도 불구하고 이 기법이 널리 쓰이지 않는 이유는 송신자와 수신자가 동일한 난수표를 가져야 하고, 이 난수표가 누출될 위험성이 있기 때문이다.

중첩 양자입자가 두 개의 가능한 값이 공존하는 상태에 있는 경우로서, 이는 실제값이 아니라 각각의 상태가 갖는 확률의 결합이라고 할 수 있다. 중첩상태는 관측이 이루어질 경우 하나의 실제값으로 붕괴된다. 동전 던지기의 경우 동전은 앞면 또는 뒷면의 상태가 있을 뿐 중첩은 없다. 우리가 확인하기 전이라도 동전은 이미 이들 중 하나의 상태에 있다. 하지만 양자입자는 실제값이 아닌 확률의 중첩상태를 가질 수 있다.

큐비트 양자컴퓨터에서 정보의 최소 단위로서, 현재 컴퓨터에서 사용되는 비트에 해당한다. 비트는 0 또는 1의 값만 가질 수 있는 반면, 큐비트는 0, 1 이외에 0과 1이 공존하는 중첩상태를 가질 수 있는 특징이 있다. 이처럼 큐비트는 중첩상태가 있기 때문에, 같은 수의 비트보다는 훨씬 많은 값을 가질 수 있다.

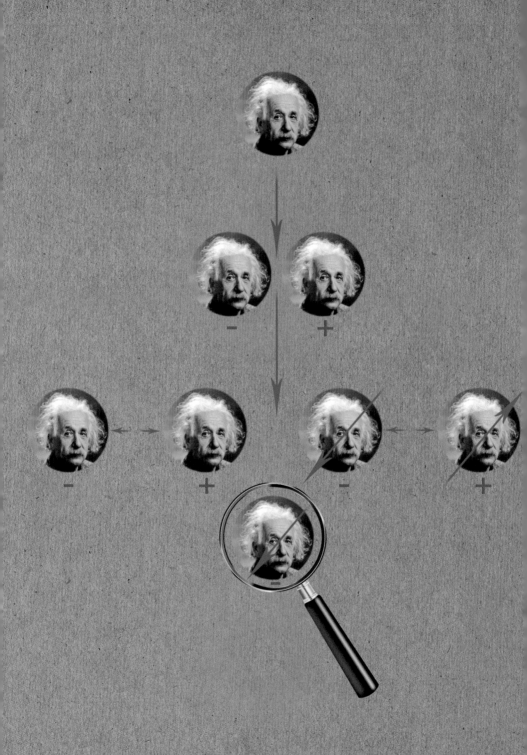

EPR 패러독스

EPR

30초 저자
브라이언 클레그

3초 인물 소개
알베르트 아인슈타인
1879~1955
양자이론에 회의적이면서
기여도 한 독일 태생의
물리학자.

보리스 포돌스키
1896~1966
EPR 용어를 만든 것으로
알려진 미국 물리학자.

나탄 로젠
1909~1995
EPR 논문을 공동 저술하
고 웜홀 개념을 창안한
미국 태생의 이스라엘 과
학자.

**양자 얽힘의
원격작용은 한
입자의 물리값을
측정하는 순간
즉각적으로 다른
입자에게 영향을
미치게 한다.**

1935년에 알베르트 아인슈타인은 젊은 물리학
자인 보리스 포돌스키, 나탄 로젠과 함께 양자이
론이 틀렸다는 자신의 오랜 믿음을 입증하기 위
한 논문을 썼다. 논문의 제목은 「물리적 실체에
대한 양자역학적 서술은 완전하다고 할 수 있을
까?」이지만, 논문 저자들의 이름 첫 글자들을 딴
'EPR'로 널리 알려져 있다. 논문의 내용은 다음
과 같다. 어떤 입자가 둘로 쪼개져서 서로 반대
방향으로 날아간다고 하자. 양자이론에 따르면
두 입자의 운동량은 하나의 값으로 특정될 수 없
고, 단지 일정한 범위의 확률로만 나타낼 수 있
다. 그리고 한 입자의 운동량을 측정할 경우 비
로소 운동량이 특정 값을 갖게 된다. 이 순간, 두
입자가 아무리 멀리 떨어져 있더라도, 다른 입자
의 운동량도 크기가 같고 방향이 반대인 값으로
결정된다. 운동량 보존의 법칙이 적용되기 때문
이다. 위치의 경우에도 이와 유사하게 관측행위
에 의해 그 값이 결정된다. EPR 논문은, 양자이
론이 틀렸고 관측행위 이전에도 운동량이나 위
치를 특정시키는 숨은 값이 있거나, 아니면 국소
성—떨어져 있는 두 물체는 어떤 형태의 통신 없
이는 서로 영향을 미칠 수 없다는 개념—을 폐기
해야 한다고 주장했다. 아인슈타인을 포함한 논
문 저자들은 "실재에 대한 합리적 정의에 따르면
이러한 양자역학적 해석은 절대 허용될 수 없다"
고 결론지었다. 아인슈타인은 이것으로 양자역
학에 결정타를 먹였다고 생각했다. 하지만 실험
의 결과들은 잇따라 아인슈타인이 틀렸음을 보
여주었다.

3초 요약
아인슈타인의 EPR 패러
독스는 양자이론을 비판
하기 위해 제안되었지만,
실험을 통해 오히려 아인
슈타인이 실수했음이 드
러났다.

3분 보충
EPR 실험이 입자의 운동
량과 위치를 동시에 언급
할 경우, 불확정성 원리가
연상되어 약간 혼란스러
울 수가 있다. 하지만 하
나의 물리적 성질에 대해
서는 EPR의 설명이 먹혀
들 수 있다. 슈뢰딩거는
아인슈타인에게 이 점을
지적했는데, 아인슈타인
은 두 가지 성질을 언급한
것은 '내겐 소시지이다'라
는 뜻의 독일어로 답을 했
다. 이 말은 '나는 상관하
지 않는다'라는 뜻이다.

벨 부등식

BELL'S INEQUALITY

3초 인물 소개
알랭 아스페

1947~
양자 얽힘을 실험적으로 입증한 프랑스 실험물리학자.

30초 저자
알렉산더 헬레만

3초 요약
아인슈타인은 양자 얽힘에 대한 양자역학의 해석에 동의하지 않았으며, 그것을 '유령원격장치'라고 불렀다. 하지만 실험에 의해 양자역학적 해석이 옳다는 결과가 나온 것을 생전에 보지는 못했다.

3분 보충
양자적으로 얽혀 있는 두 개의 입자들은 서로 수 광년 떨어져 있더라도 하나의 물체처럼 취급될 수 있다. 양자 얽힘은 미래의 컴퓨터기술과 데이터 암호화에서 강력한 도구가 될 것이다. 현재 컴퓨터에서 사용되는 비트는 전기적 펄스와 관련되어 있지만, 미래의 컴퓨터에서 사용될 큐비트는 아원자입자들의 얽힘현상과 연결될 것이다.

슈뢰딩거의 고양이 실험의 핵심적인 개념은 양자상태의 중첩이다. 즉 상자 속에 있는 원자핵과 고양이는 모두 동시에 두 가지 상태에 있다는 것이다. 상자를 열고 들여다보면 고양이는 생과 사의 둘 중 어느 한 상태에 있는 것을 발견하게 되고, 원자핵도 붕괴 또는 처음 상태의 둘 중 하나의 상태에 있음을 발견하게 된다. 이것을 양자역학적으로 말하자면, 고양이와 원자핵은 각각 '얽혀 있는' 것이다. 전형적인 예로, 하나의 프로세스에서 생성된 두 개의 입자는 서로 얽혀 있으며, 서로 거리상 멀리 떨어져 있어도 이 얽힘 현상은 그대로 유지된다. 이들 두 입자는 두 개의 양자상태가 중첩된 상태에 있지만, 두 입자 중 하나를 측정하면 그 입자의 상태가 결정되고 다른 입자의 양자상태도 즉각적으로 정해진다. 아인슈타인과 포돌스키, 로젠은 멀리 떨어져 있는 두 입자가 이처럼 얽힌 상태에 있을 경우, 두 입자 사이의 정보전달이 빛의 속도보다 빠르게 일어나 상대성이론에 위배된다고 이의를 제기했으며, 이를 해결하기 위해 '숨은 변수'가 있다고 주장했다. 1964년 존 벨은 숨은 변수에 의해 결정되는 측정값과, 측정 순간 일어나는 상호작용을 실험적으로 구별할 수 있는 식을 만들었다. 이 놀라운 식이 바로 벨 부등식이다. 그리고 1984년 알랭 아스페는 광자를 이용한 실험을 통해 양자의 얽힘 현상이 사실임을 밝혔다.

슈뢰딩거의 사고실험에서 위험에 처한 고양이는 붕괴하는 원자핵과 양자적으로 얽혀 있다.

1928년 7월 28일
북아일랜드의 벨파스트에서 존
벨과 안니 브라운리 사이에서
출생

1948년
벨파스트 소재 퀸즈대학에서
실험물리학 학위를 취득하다

1949년
퀸즈대학에서 수리물리학
학위를 취득하고, 영국
옥스퍼드셔 하웰에 있는
영국원자연구소에서 일하다

1954년
물리학자인 메리 로즈와
결혼하다

1956년
버밍햄대학에서 물리학
박사학위를 마치다

1960년
제네바 인근에 있는
유럽입자물리연구소(CERN)로
옮기다

1964년
벨 부등식을 구체화하는
「아인슈타인-포돌스키-로젠
역설에 관하여」라는 놀라운
논문을 발표하다

1972년
존 클로저, 애브너 시모니,
마이클 혼, 리처드 홀트 등 미국
연구진이 벨의 정리를 검증하는
실험을 최초로 시행했으며,
양자이론이 옳다는 결과를
얻다. 하지만 그들의
접근방식에서도 허점이
발견되다

1982년
프랑스 물리학자 알랭 아스페는
상기 허점을 보완해서 벨의
정리를 통해 양자이론의
정당성을 입증하다

1987년
미국 예술과학아카데미의
외국인 명예회원이 되다

1990년 10월 1일
스위스 제네바에서 사망

2008년
양자역학의 근본 문제에 대한
연구 공로자에게 수여되는 '존
스튜어트 벨 상'이 창설되다

존 벨

존 벨의 형제 자매들은 14세 때 학교를 그만 뒀다. 그래서 어린 스튜어트(가족들은 그를 아버지와 구별하기 위해 중간 이름으로 부르곤 했다)가 대학을 진학해서 과학자가 되겠다고 하자 가족들은 모두 놀랐다. 하지만 존 벨의 어머니는 아들이 '교수'가 되기를 원했고 격려했다. 가족들은 종종 그를 교수라고 불렀으며, '존 벨이 매일 나들이옷을 입고 근무할 수 있는 곳'에서 살기를 바랐다.

벨은 벨파스트기술고등학교를 졸업하고 벨파스트에 있는 퀸즈대학을 다녔다. 벨은 경제적으로 어려웠기 때문에 대학에서 공부를 계속하지 못하고, 영국 하웰에 있는 영국원자연구소에서 일자리를 얻었다. 이곳에서 그는 장차 아내가 될 물리학자 메리 로즈를 만났으며, 그 후 두 사람은 제네바 근처에 있는 유럽입자물리연구소(CERN)에서 함께 일했다.

입자물리 연구는 벨에게 생계수단이었지만, 그는 늘 양자이론에 매료되어 있었고 1963년에 찾아온 안식년은 양자이론에 대해 진지하게 생각해볼 수 있는 기회가 되었다. 벨은 아인슈타인의 견해, 즉 양자이론에는 뭔가 잘못된 것이 있고 겉으로 드러나는 우연성의 저변에는 실체가 틀림없이 존재한다는 견해에 공감하고 있었다. 언젠가 벨은 양자물리에 대해 이렇게 얘기한 적이 있었다. "나는

양자물리가 틀렸을 수도 있다는 생각을 하면서도 망설였는데, 양자물리가 엉터리라는 걸 알게 됐다."

아인슈타인의 EPR 사고실험(101쪽 참조)은 양자이론에 큰 허점이 있든지 아니면 국소적 실재성이 틀렸든지 둘 중 하나라는 걸 말하고 있다. 국소적 실재성은 세상의 각 개체가 확률적으로 존재하는 것이 아니며, 멀리 떨어져 있는 입자들이 서로 즉각적으로 영향을 미칠 수 없다는 것을 의미한다. 벨은 이들 두 가지 가능성을 구별하여 측정할 수 있는 사고실험을 제안했다. 그는 이론물리학자였기 때문에 이것을 실행에 옮기는 방법을 알지 못했지만, 이는 양자이론의 유효성을 가름할 수 있는 기준이 되었고 '벨의 정리'로 알려지게 되었다. 실험결과가 통계적으로 일정 범위—'벨의 부등식'으로 알려져 있는 범위—를 벗어나게 되면 벨의 정리가 유효하게 되고 국소적 실재성은 운을 다하게 된다.

그 이후 실험물리학자들이 벨의 정리를 진단하는 실험을 했으며, 그 결과 아인슈타인과 벨이 틀렸음이 밝혀졌다. 양자이론의 정당성이 입증되고 국소적 실재론은 배격되었다. 벨은 62세의 이른 나이에 예기치 못한 뇌출혈을 일으켰으며, 사려깊고 영감에 찬 천재 과학자의 삶은 끝을 맺고 말았다.

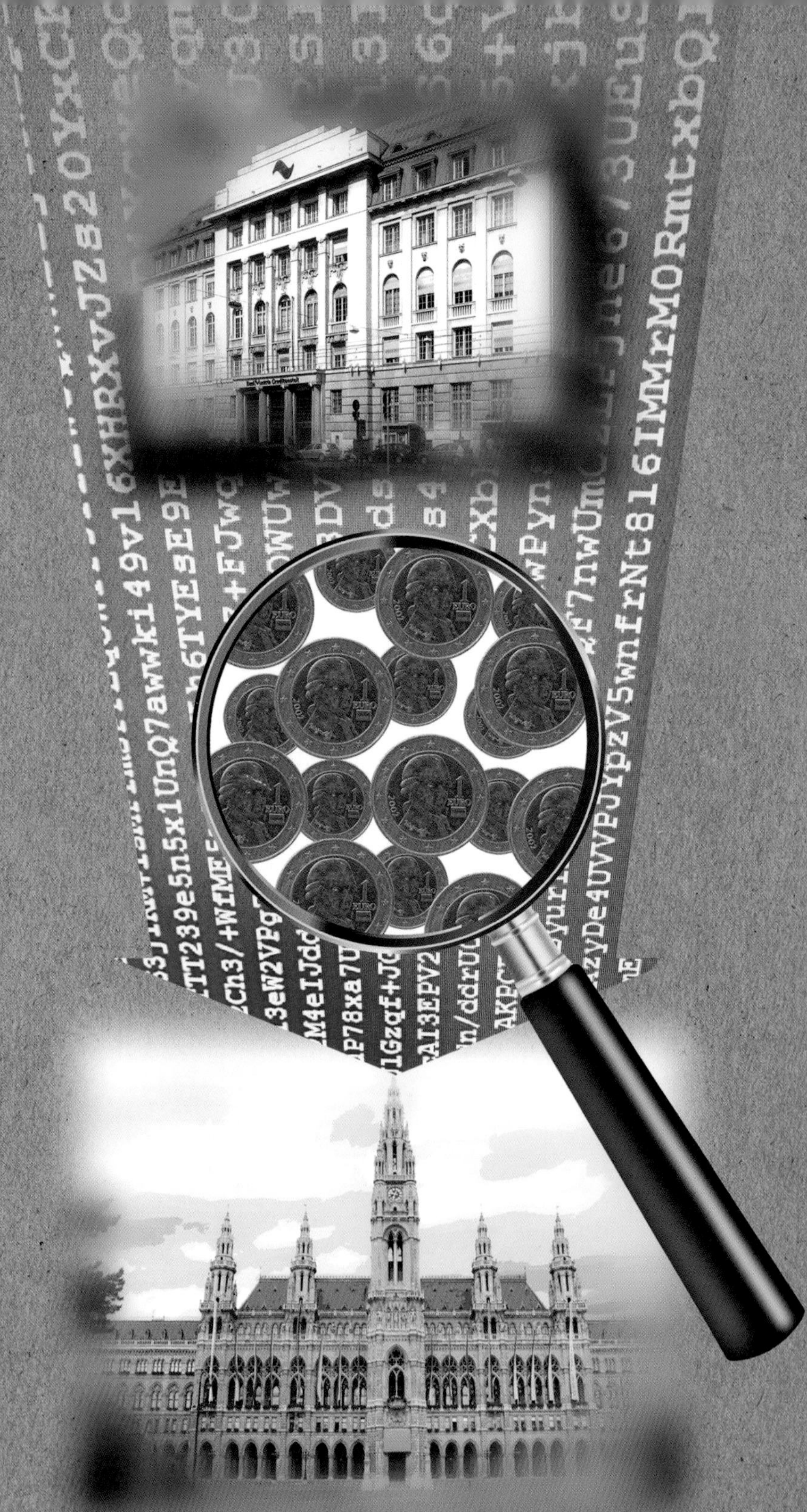

양자 암호화

QUANTUM ENCRYPTION

30초 저자
브라이언 클레그

3초 인물 소개
찰스 베네트
1943~
주로 IBM에서 일한 미국
물리학자이자 정보이론가.

안톤 자이링거
1945~
양자 얽힘 분야의 전문가
인 오스트리아 양자물리
학자. 비엔나의 양자 얽힘
실험으로 유명.

자일스 브라사드
1955~
프랑스 태생의 캐나다 컴
퓨터과학자이자 암호 전
문가.

**2004년 비엔나에서
양자 얽힘이
전자화폐의 송금에
보안수단으로
사용되었다.**

통신에서는 비밀이 요구되는 경우가 많아서 암호화를 위한 많은 노력이 이루어지고 있다. 그동안 수많은 암호화 방법들이 고안되었지만, 대부분 해독방법이 쉽게 발견되곤 했다. 지금까지 고안된 암호화 수단 중에서 가장 안전한 방법으로는 일회용 암호표를 들 수 있다. 이것은 암호화되어야 할 각 문자에 임의의 값을 배정하여 그야말로 난수로 구성된 표로 만드는 것이며, 사전에 송신자와 수신자가 미리 나눠가진 난수표를 이용해야만 해독될 수 있다. 하지만 이 방법도 일회용 난수표를 매번 나눠가져야 하는 현실적인 어려움과 스파이 활동에 의해 난수표가 탈취될 수 있는 위험성 때문에 지금은 거의 사용되지 않고 있다. 그런데 이런 문제는 양자물리를 이용하면 쉽게 해결될 수 있다. 양자 암호화는 찰스 베네트 교수와 자일스 브라사드 교수가 처음으로 제안했다. 이들은 광자의 편광을 암호키로 사용하여 일회용 암호표를 만들었다. 하지만 여전히 누군가에 의해 해독될 수 있는 위험에 노출되는 기술적 문제를 해결하지 못했다. 그런데 양자 얽힘을 이용하면, 메시지가 송신되기 전에는 일회용 암호키가 생성되지 않는다. 통상 양자 얽힘에 의해 즉각적으로 전달되는 난수가 유리할 것은 없다. 그러나 이 난수들이 암호키로 사용되면, 메시지가 암호화되자마자 해독하는 것이 가능할 것이다. 또한 입자들이 얽힘상태를 유지하고 있는지 여부를 알 수 있어서 누군가 암호키를 엿볼 경우 자동적으로 탐지가 가능하다.

3초 요약
양자입자, 특히 얽힘상태의 입자들은 비밀자료의 전달매체가 될 수 있어서 독특한 일회용 난수표로 활용될 수 있다.

3분 보충
양자 얽힘을 연구하던 저명한 물리학자인 안톤 자이링거는 2004년에 얽힘상태의 일회용 암호를 사용해서 당시 전례가 없던 큰 규모의 실험을 했다. 그는 하수통로를 이용해서 비엔나의 시청과 오스트리아은행 간에 500미터에 이르는 연결망을 구축하고, 얽힘상태의 암호를 사용해서 비엔나시의 기금에서 대학계좌로 3,000유로를 송금했다.

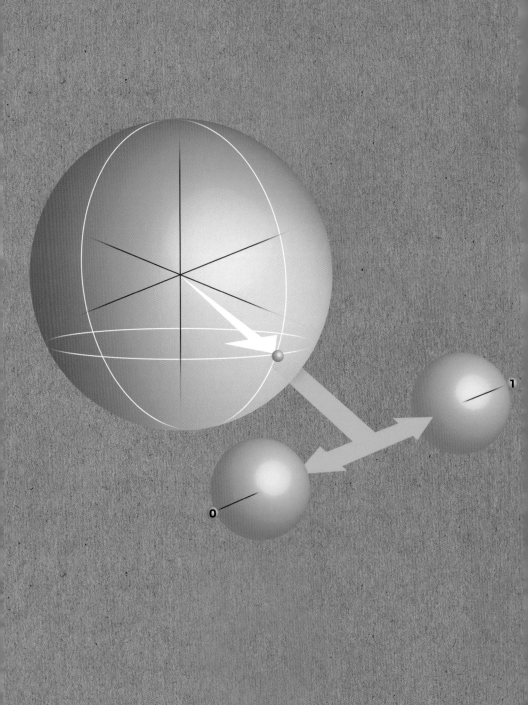

큐비트

QUANTUM COMPUTING

30초 저자
알렉산더 헬레만

전자는 '스핀'이라는 양자적 성질을 갖고 있다. 전자의 스핀은 시계방향 또는 시계 반대방향의 두 가지 형태를 가질 수 있으며, 물체의 자기적 성질을 만들어낸다. 레이저 펄스로 전자를 충격하면 중첩상태―즉 두 가지 양자상태가 동시에 존재하는 상태―를 생성시킬 수 있다. 이러한 중첩상태에서는 전자가 특정 방향의 스핀을 갖는 것이 아니라, 각 방향의 스핀을 가질 확률을 동시에 갖게 되는 것이다. 컴퓨터의 비트는 0과 1의 값을 갖고 있다. 그런데 스핀의 경우에는 각 스핀 방향에 0과 1의 값을 부여할 수 있는 데다가 중첩상태라는 또 하나의 상태가 있기 때문에, 비트보다는 훨씬 많은 정보량을 담을 수 있다. 이러한 시스템을 양자 비트 또는 '큐비트'라고 한다. 수평 또는 수직으로 편광될 수 있는 광자나 두 방향의 핵스핀 상태를 가진 원자핵도 큐비트의 또 다른 예라고 할 수 있다. 중첩상태는 매우 예민한 상태이다. 아원자입자가 양자 중첩상태에 있을 경우, 이를 관측하려고 시도하는 행위와 같은 아주 작은 교란조차도 중첩상태를 깨뜨려서 특정 상태로 되돌려놓고 만다. 이것을 결어긋남이라고 한다. 큐비트를 사용하기 위해서는 양자 얽힘이 유지되어야 하기 때문에 결어긋남없이 데이터를 연결하는 것이 중요하다.

3초 인물 소개
세르주 아로슈
1944~
양자물리학의 실험적인 연구 공로로 2012년에 데이비드 와인랜드와 공동으로 노벨물리학상을 수상한 프랑스 물리학자.

3초 요약
큐비트는 비트와 비슷하다. 하지만 큐비트는 on, off 이외에 on과 off가 동시에 존재하는 상태를 가질 수 있다.

3분 보충
큐비트는 미래의 양자컴퓨터를 실현하는 데 핵심 역할을 할 것이다. 둘 이상의 양자상태가 있을 수 있는 어떤 입자나 시스템도 큐비트로 기능할 수 있다. 과학자들은 여러 가지 실험적 수단을 통해 큐비트를 만들어낸다. 예를 들면 전자들을 양자점에 가두어놓고 레이저 빔으로 스핀을 조작할 수 있다. 세르주 아로슈는 마이크로 캐비티 속에 광자들을 가둬놓고 양자 데이터를 저장하는 획기적인 방법을 개발했다.

스핀은 항상 '업(up)' 또는 '다운(down)' 중 하나로 측정되며, 이는 큐비트의 확률적 상태에 따라 달라진다.

양자컴퓨터

QUANTUM COMPUTING

관련 주제
양자스핀
41쪽
결어긋남
55쪽
벨 부등식
103쪽
큐비트
109쪽
양자점
133쪽

3초 인물 소개
리처드 파인만
1918~1988
양자물리법칙을 따르는
새로운 개념의 컴퓨터를
제안한 미국 물리학자.

30초 저자
알렉산더 헬레만

3초 요약
큐비트는 엄청난 양의 정
보를 한꺼번에 처리할 수
있기 때문에 양자컴퓨터
에서 핵심적인 역할을 할
것이다.

3분 보충
1982년 리처드 파인만은
양자시스템을 시뮬레이션
하기 위해 양자시스템 자
체를 이용하는 새로운 개
념의 컴퓨터를 제안했다.
양자컴퓨터가 개발되면,
물리적 프로세스의 모델
링은 물론이고 수학 분야
에서도 지금까지의 기록
을 깨는 계산이 가능할 것
이다. 예를 들어 양자컴퓨
터는 400자리의 숫자를
소인수분해하는 데에 불
과 수 초밖에 걸리지 않을
것이다.

현재의 컴퓨터는 전하를 이용해서 데이터를 비트로 저장하는 수백만 개의 작은 트랜지스터들로 구성되어 있다. 전하 하나가 존재하는 상태는 1에 해당되고 전하가 없는 상태는 0에 해당되는데, 이런 류의 정보를 '비트(bit)'라고 한다. 컴퓨터는 숫자들을 일련의 비트로 표현하여 처리한다. 예를 들면 0부터 7까지의 숫자는 4개의 비트를 이용하여 0000, 0001, 0011, 0111, 1111, 1110, 1100, 1000으로 나타낼 수 있다. 현재의 컴퓨터는 이러한 데이터들을 한 번에 하나씩 처리한다. 하지만 양자비트인 큐비트의 경우, 각 큐빗이 0과 1의 중첩상태일 수 있기 때문에 4개의 큐비트로 8개의 숫자를 동시에 나타낼 수 있으며 한꺼번에 처리할 수 있다. 큐비트의 수를 늘리면, 이러한 양자컴퓨터의 엄청난 처리능력은 더욱 분명해질 것이다. 예를 들어 10개의 큐비트를 사용하면 1,023개의 숫자를 동시에 처리할 수 있다. 병렬적 계산이 가능한 숫자는 20개의 큐비트의 경우 100만 개, 40개의 큐비트의 경우 1,000억 개로 늘어나게 될 것이다. 이처럼 양자컴퓨터의 처리능력은 가히 깜짝 놀랄 정도이다. 그러나 얽힘상태를 유지할 수 있는 큐비트를 만들어내려면 새로운 기술의 개발이 필요하다. 과학자들은 엄청난 계산능력을 지닌 양자컴퓨터의 실현에 희망을 걸고 많은 큐비트들을 사용할 수 있는 기술개발에 노력하고 있다.

**양자컴퓨터에서는 양자 비트(큐비트)가 현재의 비트를 대체하며,
엄청난 양의 계산을 한꺼번에 할 수 있다.**

양자 원격전송

QUANTUM TELEPORTATION

30초 저자
소피 헤든

3초 인물 소개

찰스 베네트
1943~
물리학과 정보의 연관성을
집중 연구한 IBM 연구원.

안톤 자이링거
1945~
장거리 양자 원격전송 실
험을 이끌고 있는 오스트
리아 양자물리학자.

2012년 어느 캄캄한 그믐날 밤에 몇몇 과학자들이 양자 원격전송의 거리 기록을 갱신했다. 이들은 레이저를 이용해서 카나리제도의 한 섬에서 다른 섬으로 광자를 발사하여 양자 원격전송 실험을 했으며, 두 섬 사이의 거리는 144킬로미터였다. 광자들은 얽힘이라는 양자적 성질에 의해 서로 밀접하게 연결되어 있어서, 하나의 광자에 가해진 작용은 다른 짝에게 즉각 영향을 미친다. 두 광자가 서로 아무리 멀리 떨어져 있어도 상관이 없다. 비엔나대학의 안톤 자이링거 연구팀은 서로 얽혀 있는 상태의 광자쌍 중 하나를 다른 섬에 있는 탐지기를 향해 발사했다. 다른 양자물체에 대한 정보를 송신하는 양자 통신선으로 광자쌍을 이용하는 실험을 한 것이다. 양자 원격전송은 공상과학소설에나 나올 법한 애기로 들리겠지만, 뉴욕에 있는 IBM의 찰스 베네트 연구팀이 1993년에 처음으로 이 아이디어를 제안했을 때 곧바로 세간의 관심을 끌었다. 양자기술을 컴퓨터와 통신에 적용하는 연구가 진지하게 진행되고 있으며, 세슘 원자구름을 비롯해서 여러 가지 다양한 시스템을 이용하여 시도되고 있다. 이제 과학자들은 우주로 눈을 돌리고 있다. 지구궤도를 선회하고 있는 인공위성들과의 원격전송은 전 세계적인 양자통신 네트워크를 구축하는 데 핵심요소가 될 것이다.

3초 요약
양자 원격전송에서는 서로 얽혀 있는 입자들을 양자통신선의 양쪽 끝단으로 사용하여 어떤 양자물체에 관한 모든 정보를 새로운 장소에서 다시 생산한다.

3분 보충
양자 원격전송으로 빛보다 빠른 통신이 이루어지는 것은 아니다. 통신선의 양쪽 끝단에 양자물체를 구축하기 위해서는 전통적인 통신선을 이용하여 송신자와 교신이 이루어져야 하기 때문이다. 하지만 양자물체는 완벽한 복제가 불가능하다는 양자복제불가법칙은 피해나갈 수 있다. 즉 원격전송은 양자정보의 위치를 이동시키고, 이 과정에서 원래의 정보가 파괴되는 형태로 작동된다.

카나리제도의 섬 사이에서 실행된 양자 원격전송실험은 장차 인공위성과의 양자통신을 위한 선구적인 실험이었다.

양자 제논효과

QUANTUM ZENO EFFECT

30초 저자
앤드류 메이

관련 주제
파동함수의 붕괴
53쪽

의식에 의한 붕괴
93쪽

양자컴퓨터
111쪽

양자생물학
153쪽

3초 인물 소개
엘레아학파의 제논
B.C. 5세기
순간적으로 관측하면 날
으는 화살이 정지되어 있
다는 역설을 주장한 그리
스 철학자.

조지 수다샨
1931~
양자광학과 기초물리학
분야에서 왕성한 연구활
동을 하고 있는 인도 물
리학자.

고대 그리스 철학자인 제논은 운동이 불가능하
다는 것을 논증하는 여러 가지 역설을 내놓았
다. 이 역설들은 논리적 오류로서 고전물리학을
이용하여 쉽게 설명될 수 있다. 하지만 1977년
에 텍사스대학의 조지 수다샨이 이끄는 연구팀
은 날으는 화살이 과녁을 맞출 수 없다는 제논의
역설과 유사한 관측사실을 발표했다. 이 양자현
상은 현재 양자 제논효과로 명명되고 있다. 실제
세계에서의 사례를 들어 설명하기는 복잡하지
만, 사고실험을 통해 양자 제논효과를 설명하기
는 어렵지 않다. 방사성붕괴를 하는 원자를 예로
들어보자. 통상 방사성 원자가 주어진 시간 동안
붕괴할 확률은 일정하다고 알려져 있지만, 엄격
하게 말하면 이는 사실이 아니다. 방사성 원자가
붕괴하기 직전의 상태에서 순간적인 관측이 이
루어졌을 때 붕괴율은 제로이다. 물론 붕괴율은
순간적으로 '일정'한 값으로 뛰어오를 것이다.
하지만 그전에 또 다른 관측이 이루어지면 붕괴
율은 또다시 제로로 환원될 것이다. 이런 식으로
관측이 반복해서 계속 이루어지면…… 붕괴율은
계속 제로에 머물게 된다. 주전자를 계속 관측한
다고 한들 주전자 안의 물이 끓지 않는 일은 결
코 일어날 수 없다. 하지만 양자세계는 다르다.
방사성 원자의 경우 반복적인 관측이 계속 이루
어지면 붕괴는 절대 일어나지 않는다!

3초 요약
양자계에 대한 관측이 충
분할 정도의 빈도로 이루
어지면 양자계의 상태는
설사 불안정한 상태일지
라도 결코 변하지 않을 것
이다.

3분 보충
양자 제논효과가 발견된
이후 물리학자들은 이 효
과를 실제로 응용하기 위
해 노력을 기울이고 있다.
사실 대자연은 이미 성공
했을 수도 있다. 철새들의
경우, 눈 속에 있는 얽힘
상태의 전자쌍들을 이용
해서 지구의 자기장을 탐
지할 수 있다는 이론도 있
다. 철새들이 어떻게 긴
시간 동안 얽힘상태를 유
지할 수 있는지는 불명확
하다. 어쩌면 철새들은 양
자 제논효과를 이미 활용
하고 있는지도 모른다.

제논의 화살은 관측 순간에 정지되어 있는 것처럼 보이고,
양자입자는 관측이 이루어지고 있는 때에는 붕괴하지 않는다.

양자이론의 응용

양자이론의 응용
용어해설

공명 특정 주파수에서 진동이 증폭되는 현상. 종, 동굴 같은 데에서 나타나며, 오르간의 파이프나 레이저 캐비티에서도 볼 수 있다.

광격자 반도체가 전자에 반응하는 것처럼, 빛에 반응하는 정사각 격자구조의 물질. 질 좋은 렌즈를 제작하는 데 사용된다. 자연에서 발견되는 사례로는 오팔의 유색효과, 공작꼬리의 무지개빛을 만들어내는 물질을 들 수 있다.

광자학(포토닉스) 빛을 입자의 측면에서 접근하여 연구하는 학문 분야. 전자를 다루는 전자공학(일렉트로닉스)의 광학적 버전이라 할 수 있다.

굴절률 빛이 어떤 물질을 통과할 때 입사면에서 빛이 휘어지는 각도. 물질 내에서의 빛의 속도가 클수록 굴절률은 작아진다.

나노입자 크기가 1~100나노미터 정도인 작은 물질. 나노입자는 그보다 큰 물체와는 아주 다른 물리적 특성을 갖고 있다.

다이오드 레이저 유도방출에 의해 빛을 내는 반도체 레이저. CD 플레이어, DVD 플레이어, 레이저 포인터, 레이저 프린터에 사용된다.

도핑 반도체에 불순물을 첨가하여 전기적 성질을 바꾸는 것. 전자가 컨덕션밴드(전도대)에 쉽게 도달하거나 밸런스밴드(충만대)로 쉽게 들어가도록 만든다.

메타물질 자연에서 발견될 수 없는 특이한 전자기적 성질을 갖도록 인공적으로 설계된 구조의 물질. 메타물질은 음의 굴절률을 갖는 경우가 많은데, 이는 강력한 슈퍼렌즈의 제작이나 주위의 광선을 굽게 만들어 물체를 은폐('클로킹')시킬 수 있는 가능성을 열어주고 있다.

무어의 법칙 인텔 창시자인 고든 무어가 1965년에 제언했던 것으로, '반도체 메모리칩의 성능이 18~24개월마다 2배로 확장된다'는 법칙. 이 법칙은 놀라울 정도로 정확하게 들어맞았으나, 지금은 그 속도가 느려지고 있다.

반도체 레이저 다이오드 레이저 참조.

밸런스밴드 원자 속의 전자가 원자에 속박된 상태가 유지되는 에너지의 범위. 원자가 갖는 화학적 성질은 대부분 이에 의해 결정된다.

CCD 카메라 전하결합소자를 사용하는 디지털 카메라. 이 소자는 광신호를 전기신호로 변환하는 역할을 한다.

유도방출 섬광이나 전류에 의해 들뜬상태가 된 원자에 광자가 입사되면 동일한 진동수를 갖는 광자가 방출되는 현상으로서, 레이저의 기초가 된다. 유도방출은 광자의 입사 없이 이루어지는 자연방출(자발방출)과 대비되는 현상이다.

조지프슨 접합 두 개의 초전도체 사이에 얇은 부도체를 끼워넣은 접합체. 이 접합체에 전압을 가하면 고주파의 진동이 발생되는데, 이 현상을 이용하여 전압을 정확하게 측정할 수 있다. 129쪽 참조.

집적회로 '칩'. 전자회로를 새겨넣은 얇은 반도체—통상 실리콘—의 기판.

초전도성 극도의 저온상태인 금속에서 전기저항이 완전히 사라지고, 외부 자기장의 내부 침투를 막는 성질이 나타나는데 이를 초전도성이라고 한다. 143쪽 참조.

초전도 양자간섭소자(SQUID) 조지프슨 접합을 이용하여 이동자계에 의해 발생하는 아주 작은 전압과 자장의 세기를 측정하는 장치. 매우 민감한 자력계로서 MRI 스캐너에서부터 폭탄탐지기까지 폭넓게 사용되고 있다.

컨덕션밴드(전도대) 물체 내의 전자가 자유롭게 이동할 수 있는 전자의 에너지 범위.

콜리메이터 렌즈 입사되는 광선을 모아서 평행광선으로 만들어주는 렌즈.

쿠퍼쌍 고체 내의 격자진동 에너지(이 에너지 양자를 포논이라 한다)에 의해 서로 결합된 페르미온 입자(통상 전자)의 쌍. 저온 상태에서 초전도현상을 일으킨다.

파울리의 배타원리 동일한 종류의 페르미온(예를 들면, 전자)은 동일한 양자상태에 두 개가 동시에 있을 수 없다는 법칙. 가령, 하나의 원자 내에 있는 전자들은 동일한 양자수를 가질 수 없다. 61쪽 참조.

레이저

THE LASER

30초 저자
소피 헤든

3초 인물 소개
고든 굴드
1920~2005
Light Amplification by Stimulated Emission(복사광선의 유도방출에 의해 증폭된 빛)의 첫글자를 따서 LASER(레이저)라는 용어를 만든 미국 물리학자.

시어도어 메이먼
1927~2007
최초의 광학 레이저를 발명한 미국 물리학자.

우리는 현재 레이저를 일상적으로 사용하고 있다. 슈퍼마켓 계산대에서 바코드를 스캔할 때도 레이저가 사용되고, CD나 DVD 플레이어의 핵심 부품으로도 레이저가 사용된다. 일상생활에서 사용하는 이러한 기기들이 양자물리를 응용한 것임을 알면 놀라는 사람들이 많을 것이다. 레이저는 원자의 특정 에너지 준위에서 나오는 단일 파장의 빛으로서, 뛰어난 직진성과 높은 에너지라는 특성을 갖고 있으며 양자이론에 바탕을 두고 있기 때문이다. 원자 내의 전자들은 열이나 빛을 흡수하면 서로 다른 에너지값으로 '여기'된다. 하지만 원자는 계속 들뜬 상태를 유지할 수 없기 때문에, 특정 진동수를 갖는 광자의 형태로 에너지를 방출하고 '바닥' 상태로 되돌아간다. 그런데 이미 들뜬 상태에 있는 원자가 광자를 만나면 어떤 일이 일어날까? 원자는 이 광자를 흡수하지 않고 방출하는데, 일종의 공명효과에 의해 또 다른 광자가 유도방출된다. 두 번째 광자는 입사된 광자와 정확하게 같은 진동수를 가지며 방출방향도 일치한다. 이를 결맞음— 완벽한 보조—이라고 한다. 레이저의 경우 높은 전압을 이용해서 많은 원자들을 들뜬 상태로 퍼 올려서, 바닥 상태에 있는 원자들보다 들뜬 상태의 원자들이 수적으로 훨씬 많은 상태를 만든다. 그리고 들뜬 상태의 원자들에서 방출되는 광자들이 유도방출을 통해 더 많은 광자들의 방출이 이루어지도록 유도함으로써 강력한 레이저빔을 만들어낸다.

3초 요약
레이저는 많은 원자들로부터 유도적이고 협력적인 형태로 광자들이 방출되도록 함으로써, 모두 같은 진동수와 방향을 갖는 강력한 빔을 만들어내는 광원이다.

3분 보충
영화 〈오스틴 파워〉에서 이블 박사가 휘두른 레이저는 이산화탄소 가스를 레이저 물질로 사용한 것 같다. 방출되는 광선이 적외선이어서 겨냥한 목표물은 무엇이든 튀겨지기 때문이다. 현존하는 레이저의 대다수는 강도가 훨씬 떨어지는 반도체 레이저나 다이오드 레이저로서 전자장치나 통신장비에 사용되고 있다. 이들은 통상 적색광을 방출하며, 보다 큰 레이저 어레이로 만들어질 수 있다.

레이저는 반사 캐비티를 반복적으로 이용해서, 원자들이 결맞음 상태의 광자들을 방출하도록 유도한다.

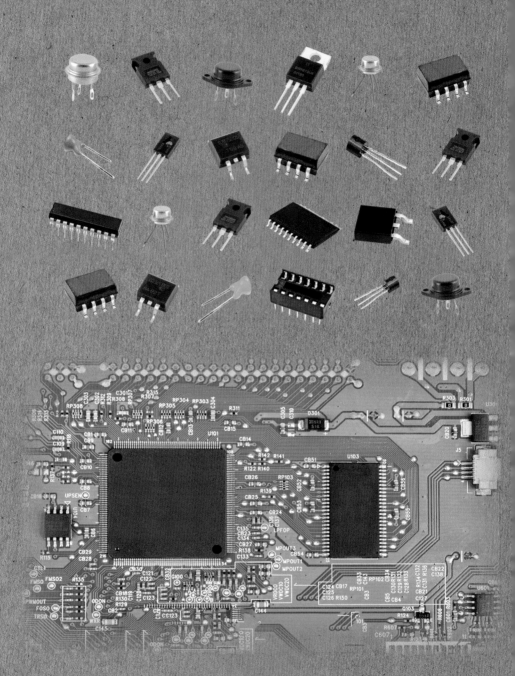

트랜지스터

THE TRANSISTOR

30초 저자
필립 볼

3초 인물 소개
월트 브라튼
1902~1987
존 바딘
1908~1991
윌리엄 쇼클리
1910~1989
1947년에 트랜지스터를 발명한 벨연구소의 연구팀. 이 공적으로 1956년에 노벨물리학상을 공동으로 수상.

불확정성 원리, 중첩상태, 초전도성 등 양자이론의 특성들은 통상 저온상태와 같은 특수한 상황에서만 나타난다. 하지만 에너지가 연속적인 흐름이 아니라 뚝뚝 떨어진 덩어리의 형태로 이루어져 있다는 양자화현상은 원자들 간의 결합이나 물체들의 색깔 등의 사례에서 항상 찾아볼 수 있다. 이러한 양자화의 가장 중요한 기술적 응용사례 중 하나로는 트랜지스터를 들 수 있다. 트랜지스터는 반도체—디지털 컴퓨터와 IT의 핵심 재료—로 만들어진 전자소자이다. 반도체는 마치 물이 가득 채워진 저수지처럼, 양자에너지 상태들 중의 하나의 상태—'밴드'라고 한다—에 전자들을 모두 담고 있으며, 이 밴드는 전자가 비어 있는 다른 밴드와 에너지 크기의 차이에 의해 분리되어 있다. 전자들에게 빈 밴드에 도달할 수 있을 만큼 충분한 에너지를 주면, 이 에너지를 얻은 전자들은 처음에 있던 밴드에서 벗어나 돌아다니며 전류를 옮기게 된다. 다시 말해서 반도체는 온도가 높아질수록 전기전도성이 좋아진다. 정상적인 상태의 트랜지스터는, 단지 소수의 전자만이 주위의 열로부터 충분한 에너지를 얻어서 전류를 옮기는 역할을 할 수 있다. 하지만 도핑—다른 종류의 원자를 추가하여 저수지에 있는 전자의 수를 늘리거나 줄이는 것—과 전기장을 이용하면 이러한 전류의 강도를 미세하게 조절할 수 있다. 이런 방식으로 트랜지스터를 통과하는 전류의 변화를 조절함으로써, 트랜지스터는 디지털 전자기기에서 스위치나 증폭기의 역할을 한다.

트랜지스터가 발명됨으로써 전자기기는 개별 부품들이 집적회로로 전환되었다.

3초 요약
디지털 전자기기와 계산기의 부품인 트랜지스터는 반도체물질 내에 있는 전자의 에너지 상태가 양자화되어 있는 현상을 활용한 것이다.

3분 보충
1960년대에 게르마늄으로 제작된 초기의 트랜지스터는 단가가 수 달러였고, 길이도 약 12밀리미터나 되었다. 그 후 반도체 물질로 실리콘이 이용되면서 트랜지스터의 소형화가 추진되었고, 지금은 단 하나의 실리콘 마이크로프로세스칩에 20억 개가 탑재되는 수준까지 이르렀으며 단가도 0.0001 센트로 낮아졌다. 이러한 가격의 하락은 무어의 법칙이 반영된 결과라 할 수 있다. 무어의 법칙은 통상 '집적회로 칩에 탑재되는 트랜지스터의 수는 18개월마다 두 배씩 증가한다'로 표현되고 있다.

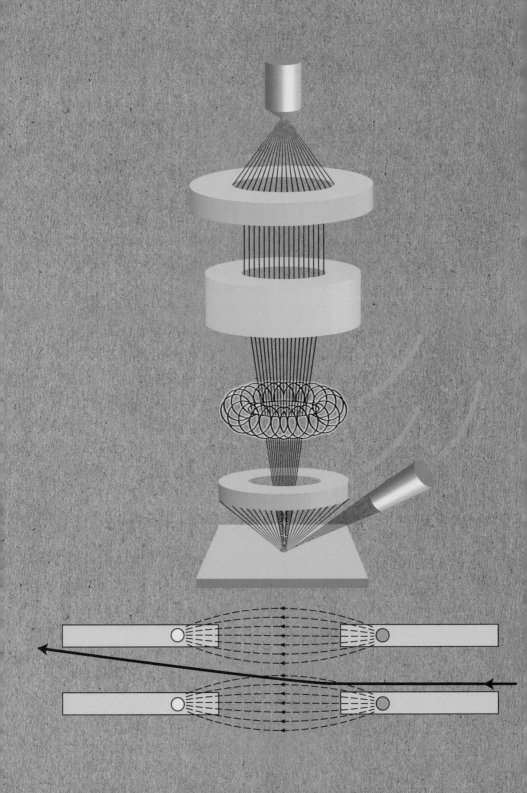

전자현미경

THE ELECTRON MICROSCOPE

30초 저자
알렉산더 헬레만

관련 주제
파동-입자 이중성
31쪽

3초 인물 소개
막스 놀
1897~1969
에른스트 루스카
1906~1988
1931년에 전자현미경의 초기 장치를 개발한 독일의 전기 엔지니어와 물리학자.

전자현미경의 작동원리는 광학현미경과 크게 다를 바 없다. 광학현미경의 경우, 집광렌즈(콜리메이터 렌즈)에 의해 박테리아 같은 표본이 들어 있는 유리 슬라이드에 빛이 모인다. 그다음 대물렌즈가 빛을 굴절시켜 상을 1차로 확대시키며, 대안렌즈에 의해 상이 2차로 확대되어 눈이나 CCD 카메라에 초점이 잡히게 된다. 전자현미경도 이와 유사하다. 다만 유리로 만든 렌즈와 빛 대신에 자석과 전자가 사용될 뿐이다. 즉 렌즈가 빛을 굴절시키는 대신에 자석이 전자를 휘게 만든다. 자세히 말하자면, 브라운관의 경우처럼 뜨거운 음극에서 전자가 생성되어 전기장에 의해 가속된다. 자기 집광기가 전자의 초점을 표본에 맞추고, 표본을 통과한 전자들은 또 다른 자기렌즈들에 의해 그 상이 확대되어서 형광스크린에 초점이 맺힌다. 그리고 전자들이 형광스크린에 만든 상을 우리가 보게 되는 것이다. 광학현미경의 분해능(해상도)은 빛의 파장 때문에 한계가 있으며, 그 배율도 2,000배를 넘지 못한다. 즉 바이러스처럼 빛의 파장보다 작은 물체는 광학현미경으로 볼 수가 없다. 하지만 전자는 입자일뿐 아니라 파동으로도 거동하며, 파동인 전자의 파장은 빛의 파장보다 훨씬 작다. 그래서 전자현미경은 관찰대상을 1,000만 배까지 확대 가능하며, 바이러스와 같은 아주 작은 물체는 물론이고 심지어 원자까지도 관찰할 수 있다.

3초 요약
전자는 광자보다 파장이 훨씬 짧기 때문에 전자현미경은 광학현미경보다 배율이 훨씬 크다.

3분 보충
전자현미경은 전자의 이중성을 이용한 기기다. 전자가 자기렌즈를 통과할 때는 입자처럼 거동하며, 그 경로가 휘어진다. 표본을 통과할 때는 전자가 파동처럼 거동하여 굴절되며, 굴절률이 훨씬 작아서 아주 뚜렷한 상이 만들어진다. 이러한 장점 때문에 전자현미경은 생물학 등의 과학적 연구에 중요하게 활용되고 있다. 즉 광학현미경으로는 관찰할 수 없는 세포의 구성요소들을 전자현미경으로는 관찰할 수가 있다. 나노기술의 개발 또한 전자현미경 없이는 불가능한 일이다.

전자현미경 내의 자기장은 가시광선을 모으는 렌즈처럼 전자들을 모으는 역할을 한다.

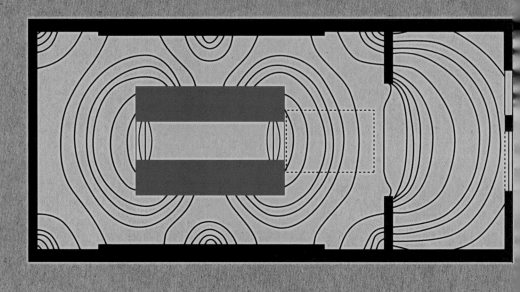

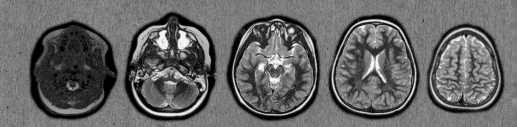

MRI 스캐너

MRI SCANNERS

30초 저자
샤론 앤 홀게이트

관련 주제
양자스핀
41쪽
초전도체
143쪽

3초 인물 소개
헤이케 카멜링 온네스
1853~1926
1911년에 초전도성을 발견한 네덜란드 물리학자.

폴 로터버
1929~2007
피터 맨스필드
1933~2017
MRI 개발을 선도한 공적을 인정받아 2003년에 생리학·의약분야 노벨상을 공동 수상한 미국 과학자와 영국 과학자.

3초 요약
MRI 스캐너를 이용해서 몸속의 장기와 조직들을 세밀하게 촬영한 영상들을 토대로, 많은 질병과 내부 손상에 대한 획기적인 치료법이 개발되어왔다.

3분 보충
MRI의 일종으로 기능성 MRI(fMRI)라는 것이 있다. fMRI는 우리가 그림을 보는 등 신체의 어느 부분을 움직일 때 뇌의 어느 부분이 활성화되는지를 보여준다. fMRI는 뇌수술을 할 때 많이 사용된다. 의사는 fMRI의 도움을 받아 여타 중요한 뇌조직을 손상시키는 일 없이 암종양이나 질환이 있는 부분만 제거할 수 있다. 또한 fMRI는 알츠하이머병과 다발성 경화증의 원인 규명뿐 아니라 의약품이 뇌에 미치는 영향에 대해서도 많은 것을 밝혀주고 있다.

1970년대에 미국 물리학자인 레이몬드 다마디언, 미국 화학자인 폴 로터버, 영국 물리학자인 피터 맨스필드와 같은 연구자들이 자기공명영상장치(MRI)를 개발했다. 이 장치는 우리 몸속의 연조직들을 비해부적인 영상으로 관찰할 수 있게 하여, 암부터 파열된 인대에 이르기까지 몸속의 질병과 부상 상태를 진단하는 데 큰 도움을 준다. MRI 스캐너의 작동원리는 다음과 같다. 스캐너로 들어간 환자의 몸은 지구자기장의 30,000~60,000배에 이르는 자기장에 둘러싸이게 된다. 우리 몸은 65퍼센트가 물로 구성되어 있고, 이 물속에 함유된 수소원자는 제각기 팽이처럼 스핀을 가진 양성자를 갖고 있다. 그리고 각각의 양성자는 스핀에 의해 작은 자석처럼 행동하기 때문에, 스캐너 내의 큰 자기장은 양성자들이 각각 독특한 스핀을 갖도록 만든다. 이때 환자의 몸에 전자기파를 쪼이면 양성자의 스핀에 영향을 미치게 되어 양성자의 자기적 특성이 변화하게 된다. 다시 전자기파를 멈추면 양성자는 원래의 스핀상태로 되돌아가면서 신호를 방출하는데, 이 신호를 전기적으로 기록한다. 양성자가 원래 상태로 되돌아가는 데 걸리는 시간은 양성자를 둘러싸고 있는 신체조직의 형태에 따라 다르다. MRI 스캐너는 컴퓨터 소프트웨어를 이용해서 이처럼 신체조직에서 나오는 신호들과 정보들을 영상으로 변환하여 시각화하는 것이다.

MRI 스캐너는 전자파와 강한 자기장에 의해
양성자의 스핀이 변하는 과정에서 방출되는 전자기파를 이용하여
일련의 단면적 영상을 만들어낸다.

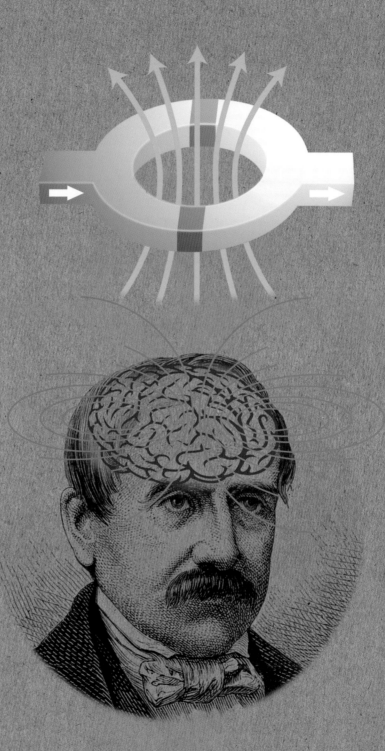

조지프슨 접합

JOSEPHSON JUNCTIONS

30초 저자
알렉산더 헬레만

3초 요약
두 초전도체 사이에 작은
부도체를 끼워넣었을 때
발생하는 초전도 전류는
다방면에 응용될 것으로
전망된다.

3초 인물 소개
레오 에사키
1925~
이바르 예베르
1929~
전자의 터널링 효과에 대
한 연구 공로로 1973년에
브라이언 조지프슨과 함
께 공동으로 노벨물리학
상을 수상한 일본 물리학
자와 노르웨이 물리학자.

1962년에 브라이언 조지프슨은 두 개의 초전도
체 사이에 부도체를 끼워넣어도 쿠퍼쌍이 부도
체를 가로질러 흐를 수 있다고 예견했다. 쿠퍼쌍
은 초전도체 내를 전기저항 없이 이동하는 전자
쌍을 말한다. 조지프슨의 말은 전자가 양자 터널
링 효과로 알려져 있는 현상에 의해 두 도체 사
이에 있는 부도체층을 통과할 수 있다는 것이다.
초전도체와 부도체의 이러한 결합체를 조지프슨
접합이라고 하고, 이 접합체에 흐르는 전류를 조
지프슨 전류라고 한다. 도체에서 도체로 이동하
는 전자의 경우에는 전기장이 필요하지만, 쿠퍼
쌍이 장벽을 통과하는 데에는 전기장이 필요하
지 않다. 초전도체 내에 있는 쿠퍼쌍은 모두 같
은 파동함수를 공유하는데, 부도체인 장벽 양쪽
에서 파동함수의 위상 차이가 발생하기 때문에
쿠퍼쌍은 자연스럽게 장벽을 터널링할 수 있게
된다. 만일 조지프슨 접합체에 전압을 걸어주면,
조지프슨 전류 대신에 높은 진동수를 갖는 진동
전류가 흐르게 된다. 이때의 진동수는 오로지 가
해진 전압의 크기에 의해서만 달라진다. 진동수
는 전압보다 훨씬 정확하게 측정될 수 있고 전압
과 직결되기 때문에, 조지프슨 접합은 정확도가
높은 전압계로 사용된다. 조지프슨 접합을 이용
하여 폐쇄회로를 구성하면, 이 접합에 가해지는
전압은 극도로 약한 자기장에도 영향을 받는다.
이 원리를 이용한 초전도 양자간섭소자(SQUID)
는 인간의 뇌가 갖고 있는 미세한 자기장을 측정
하는 데 사용될 수 있다.

3분 보충
조지프슨 접합은 매우 빠
른 논리 게이트로 기능할
수 있기 때문에, 과학자들
은 조지프슨 접합을 초고
속 컴퓨터에 응용하는 방
법을 찾고 있다. 조지프슨
접합이 보여주는 흥미로
운 양자적 특성은, 초전도
회로에서 서로 반대방향
으로 흐르는 두 개의 조지
프슨 전류를 중첩상태로
만들 수 있다는 것이다.
현재 과학자들은 작은 초
전도 회로를 서로 연결해
서 양자정보들을 저장하
거나 양자컴퓨터를 만드
는 방안을 연구하고 있다.

**초전도 양자간섭소자
(SQUID)는 뇌에서
일어나는 작은
자기장의 교란도
탐지해낼 수 있다.**

1940년 1월 4일
영국 웨일스의 카디프에서 출생

1960년
케임브리지대학에서 자연과학
분야 이학사를 취득하다

1962년
현재 '조지프슨 효과'로 알려져
있는 연구논문을 학술지
《피직스레터》에 발표하다

1964년
케임브리지대학에서
박사학위를 취득하다

1964년
조지프슨 효과를 이용하여
제작된 정밀한 자력계인 초전도
양자간섭소자(SQUID)가
발명되다

1965년
미국으로 건너가서
일리노이대학에서 2년 동안
연구교수로 재직하다

1967년
케임브리지대학으로 돌아와서
연구 부팀장이 되다

1972년
케임브리지대학의 물리학
강사가 되다

1973년
레오 에사키, 이바르 예베르와
공동으로 노벨물리학상을
수상하다

1974년
케임브리지대학의 물리학
교수가 되다

1983년
미국 의회에서 '의식의 고양된
상태'를 주제로 연설하다

1988년
케임브리지대학에서 마음―물질
통합프로젝트를 주도하다

2007년
케임브리지대학 교수직에서
은퇴하다. 하지만 왕성한
연구활동을 계속하고 있다

브라이언 조지프슨

다른 위대한 물리학자들과 마찬가지로 브라이언 조지프슨도 어린 시절부터 놀라운 직관적 이해력을 보였다. 케임브리지대학 재학 시절 그는 깊은 사고력으로 교수들을 끊임없이 놀라게 했으며, 학부를 졸업하기도 전인 불과 20세의 나이에 첫 연구논문을 발표했다. 조지프슨은 학부 졸업 후 케임브리지대학에 남기로 결정하고, 자신의 호기심을 가장 크게 끌었던 물리학 분야—극저온에서 일어나는 초전도현상—에 대한 박사학위과정을 밟았다. 그는 아직 박사학위과정에 있던 대학원생 시절에 「초전도 터널링에서 예상되는 새로운 효과」라는 논문을 썼으며, 이 논문으로 유명세를 탔다. 당시 양자이론에서는 고전이론의 시각으로 볼 때 뛰어넘을 수 없는 장벽을 양자입자가 통과하는 '터널링' 현상이 알려져 있었는데, 조지프슨은 초전도체에서 이 터널링 현상이 새로운 효과를 일으킬 수 있다는 것을 이론적으로 보였다. 이 효과는 이후에 조지프슨 효과로 명명되었으며, 양자효과가 거시적 차원에서 다뤄진 최초의 사례가 되었다. 지금은 이 효과가 조지프슨 접합이라는 정밀한 기술로 더욱 발전되었다.

조지프슨은 양자 터널링에 대한 연구성과를 인정받아 1973년에 두 사람의 물리학자와 공동으로 노벨상을 수상했으며, 이때 그의 나이는 불과 33세였다. 노벨상 수상자 3명 중에서 조지프슨이 가장 어렸지만, 그가 받은 상금이 50퍼센트였고 나머지 두 사람의 상금은 각각 25퍼센트씩이었다. 다음해인 1974년에 그는 케임브리지대학의 정식교수가 되었으며, 2007년 은퇴할 때까지 교수직을 유지했다.

1970년대 후반에 이르러 조지프슨은 당시의 물리학계 주류에 환멸을 느끼게 되었고, 양자이론으로 조명될 수 있는 많은 경험적 영역들과 양자이론의 확장 가능한 영역들이 무시되고 있다고 생각했다. 그는 동양철학, 명상, 의식의 고양상태 등에 관심을 가지게 되었으며, 여전히 케임브리지대학 물리학 교수직에 있던 1988년에 장기적인 마음-물질 통합프로젝트를 시작했다. 이 프로젝트는 언어, 음악, 인지와 같은 주제와 관련되어 있었는데, 이는 다른 학문 분야에서는 소중하게 다뤄지는 주제들이었지만 이론물리학자의 일반적인 연구 분야는 아니었다. 시간이 지나면서 그는 텔레파시, 동종요법과 같은 과학적 연구대상이 아니었던 주제들에 대해 글을 썼으며, 이는 필연적으로 보수적인 다른 학자들과의 갈등을 불러일으켰다. 하지만 그는 스스로 '이단과학'이라고 불렀던 이 분야에 대해 열린 마음을 버리지 않았다. 그는 자신의 웹사이트에 영국왕립학회의 모토인 'nullius in verba'를 올려놓고 '검증하기 전에는 아무도 믿지 말라'라고 의역해두고 있다.

양자점

QUANTUM DOTS

30초 저자
알렉산더 헬레만

3초 인물 소개
볼프강 파울리
1900~1958
자신의 이름을 딴 배타원리를 발견한 오스트리아의 이론물리학자.

전자칩은 회로망들 사이에 간섭을 일으키는 양자효과 때문에, 그 크기를 줄이는 데 한계가 있다. 예를 들어 도체들의 간격이 너무 가까우면 한 도체에서 다른 도체로 전자의 터널링 현상이 일어난다. 과학자들은 이러한 양자효과를 유용하게 활용할 수 있는 방안들을 찾아왔다. 양자점은 실리콘, 카드뮴 셀레나이드, 황화카드뮴, 인듐 비화물과 같은 반도체 물질로 만들어진 나노단위 크기의 작은 입자이다. 크기가 아주 작다 보니 양자점에서는 양자효과가 분명하게 나타난다. 양자점의 크기는 통상 원자의 10~50배(2~10나노미터)로서, 원자와 유사한 거동을 보인다. 컨덕션밴드(전도대)에 있는 전자들은 띄엄띄엄 떨어져 있는 에너지준위를 파울리의 배타원리에 따라 채운다. 그래서 양자점을 종종 '인공원자'라고 부른다. 나노단위의 입자들은 반도체 물질로 이루어져 있기 때문에, 밸런스밴드와 컨덕션밴드 등의 에너지밴드들 사이에는 에너지의 크기에 간격이 있다. 광자가 입사되면 밸런스밴드에 있는 전자들이 여기되어 컨덕션밴드로 뛰어오른다. 그리고 이 전자들은 다시 밸런스밴드로 되돌아오면서 광자를 방출한다. 컨덕션밴드와 밸런스밴드 사이의 에너지 차이는 나노입자들의 크기에 따라 다르며, 가장 작은 입자의 경우 그 에너지 차이가 가장 크다. 이 에너지 차이에 따라 방출되는 광자의 파장이 다양해지기 때문에, 양자점은 총천연색을 구현하는 형광 나노소자로 이용된다.

3초 요약
양자점은 통상 기판 등에 부착되는 나노입자로서, 크기가 아주 작기 때문에 기술적 활용성이 큰 양자적 성질을 얻을 수 있다.

3분 보충
양자점은 하나의 광자로 때리면 두 개의 전자가 동시에 방출되기 때문에, 태양전지의 효율을 높이는 데 사용될 수 있다. 또한 양자점의 크기를 조절하여 모든 파장의 빛을 방출할 수 있기 때문에 디스플레이나 광방출 다이오드에 사용하는 방안들이 연구되고 있다.

양자점은 다른 어떤 것과도 비길 데 없는 미세한 색감과 순도의 색을 나타낼 수 있어서 디스플레이에 사용될 수 있다.

양자광학

QUANTUM OPTICS

30초 저자
브라이언 클레그

모든 광학기구는 사실 양자레벨에서 작동된다. 빛의 입자인 광자와 물체 내의 원자 간, 거울과 렌즈들 간의 상호작용은 QED(양자전기동역학)로 설명될 수 있다. 하지만 최근에는 양자이론을 보다 직접적으로 광학에 적용하는 시도가 이루어지고 있으며, 이러한 연구 분야를 포토닉스라고 부른다. 양자이론의 가장 극적인 적용사례 중 하나는 양자렌즈다. 양자렌즈는 전통적인 렌즈와는 전혀 다른 방법으로 광자를 다루는 물질이다. 가령 메타물질을 그 예로 들 수 있다. 메타물질은 복잡한 구조, 말하자면 금속판 속에 격자층이나 작은 구멍들이 일정한 패턴으로 배열된 구조를 가진 가상의 물질로서, 음의 굴절률과 같은 특이한 성질을 갖도록 설계된 물질이다. 음의 굴절률이란 보통의 렌즈나 프리즘의 굴절방향과는 반대방향으로 빛이 휜다는 뜻이다. 메타물질은 보통 렌즈보다는 훨씬 작은 물체를 볼 수 있는 소위 슈퍼렌즈를 제작하는 데 이용될 수 있다. 양자광학적 구조의 또 다른 예는 광결정인데, 굴절률이 서로 다른 물질들이 규칙적으로 배열된 구조를 갖고 있다. 광결정이 빛에 작용하는 특성은 반도체가 전자에 작용하는 특성과 유사하다. 자연상태에서도 광결정현상을 볼 수 있는데, 나비의 날개에서 나타나는 무지개 빛깔이 바로 그런 사례다. 광결정은 특수 페인트나 렌즈의 굴절률을 감쇄시키는 코팅, 고투과성 광섬유 등에 이미 사용되고 있으며, 장차 광학 컴퓨터에 적용될 수 있을 것으로 전망된다.

3초 인물 소개

빅토르 베세라고
1929~
음의 굴절률과 메타물질을 최초로 언급한 러시아 물리학자.

존 펜드리
1943~
완벽한 렌즈와 투명망토에 이용될 메타물질이론을 연구한 영국의 이론물리학자.

울프 레온하르트
1965~
투명망토를 연구하고 있는 독일 물리학자.

무지개 빛깔의 나비 날개에서 보듯이 광결정은 복잡한 구조를 이용하여 빛을 조절한다.

3초 요약
모든 광학기기는 양자현상과 연결되어 있지만, 메타물질과 광결정과 같은 특수한 양자 광학물질들은 보통의 광학기기들이 도저히 흉내낼 수 없는 방법으로 광자를 다룬다.

3분 보충
메타물질들은 음의 굴절률을 갖기 때문에 물체 주변의 빛을 휘게 만들어서 물체가 보이지 않게 할 수 있다. 이 실험은 작은 규모에서는 성공했지만, 큰 규모에서는 한계가 있다. 물체가 빛을 너무 많이 흡수해서 물체 전체를 투명하게 만들기가 어렵기 때문이다. 하지만 메타물질의 제한된 효과를 광학적으로 증폭시키거나 광결정을 이용하여 빛을 분산시키는 방법이 있기 때문에 머지않은 장래에 영화 〈해리포터〉에 등장하는 투명망토를 갖게 될지도 모른다.

양자이론의 극한

양자이론의 극한
용어해설

글루볼 순수하게 글루온으로만 이루어진 가설적인 입자.

글루온 하전입자 사이에 작용하는 전자기력을 매개하는 광자처럼 쿼크 사이에 작용하는 강력의 매개체인 보손 입자. 전하를 갖지 않는 광자와는 달리 글루온은 쿼크와 연관되는 일종의 전하인 '색'을 갖는다.

람다점 헬륨이 정상적인 유체에서 초유체로 변화하는 극대 온도. 헬륨의 상 변화를 나타내는 비열-온도 그래프의 모양이 램다(λ) 형태이기 때문에 붙여진 이름이다.

마이스너 효과 어떤 물질이 초전도체가 될 때 내부의 자기장이 축출되는 현상으로서 초전도체의 특성이기도 하다. 이 효과 때문에 자석이 초전도체 위로 부상된다.

반쿼크 중성자와 양성자의 구성입자인 쿼크의 반입자. 각 쿼크는 전하와 '색'(쿼크의 성질 중의 하나)이 반대이고 나머지 성질은 동일한 반쿼크를 가진다.

보손 보스-아인슈타인 통계를 따르는 입자(페르미온에 반대되는 입자). 전형적인 보손은 힘을 실어나르는 입자로서 광자와 힉스보손이 유명하지만, 짝수 개의 입자들을 가진 원자핵을 지칭하기도 한다. 페르미온과는 달리 보손은 동일한 에너지상태에 여러 입자들이 동시에 존재할 수 있다.

블랙홀 질량의 밀도가 너무 높아서 중력에 의해 하나의 점으로 붕괴되고 있는 천체. 빛조차도 빠져나올 수 없다. 블랙홀은 대부분 거대한 별이 붕괴되어 형성된다. 블랙홀의 바깥 경계선을 '사건의 지평선'이라고 하며, 이 경계선 내의 물질은 아무것도 우주공간으로 빠져나올 수 없다. 블랙홀 자체는 부피가 0이고 밀도가 무한대인 특이점이다.

비열용량 어떤 물질의 단위 질량의 온도를 1도 높이는 데 드는 열에너지의 양.

시공간 상대성이론은 시간을 4번째 차원으로 취급한다. 상대성이론에서는 물체의 운동상태가 그 물체의 위치와 경과시간에 영향을 미치기 때문에 절대위치나 절대시간이라는 개념이 성립되지 않는다. 그래서 공간과 시간을 각각 별개로 다루지 않고 통째로 시공간이라는 하나의 개념으로 다룰 필요가 있다.

유럽입자물리연구소(CERN) 스위스 제네바와 프랑스 사이의 국경지대에 위치하고 있다. 강입자 충돌기와 반물질 연구를 포함한 여러 입자 실험장치들이 설치되어 있다.

암흑상태 원자가 광자를 흡수하거나 방출할 수 없는 상태. 일종의 보스-아인슈타인 응축(147쪽 참조)의 결과로 나타난다.

절대영도 물질 내의 모든 원자들이 가장 낮은 에너지상태에 있는 가능한 가장 낮은 온도로서 -273.15℃(0°K)이며, 실제로는 도달할 수 없는 온도이다.

점근자유성 쿼크 사이에 작용하는 강력은 입자들이 서로 가까워지는 경우 약해지고, 서로 멀어지는 경우 강해지는데 이를 점근자유성이라고 한다. 가까운 입자들은 자유입자처럼 거동하기 때문에 쿼크는 단독으로는 볼 수 없음을 의미한다.

중력자 양자중력이론에 등장하는 가설적인 입자로서 중력을 매개한다. 마치 광자가 전자기력을 매개하는 것과 같은 이치다.

초전도성 극도로 낮은 저온상태에서 물체 내의 전기 저항이 사라지고 전자기장이 축출되는 현상(143쪽 참조).

카시미르 효과 진공상태에서 대전되지 않은 두 금속판이 평행하게 수 마이크로미터 정도 떨어져 있을 때, 두 판 사이에 인력이 발생되는 양자효과. 이 효과는 두 판의 안과 밖에서 생성되는 가상입자 수의 차이 또는 영점에너지—진공상태의 에너지—를 이용하여 설명될 수 있다.

쿼크 중성자와 양성자를 구성하는 기본입자. 쿼크는 업, 다운, 스트레인지, 참, 보텀, 톱의 여섯 가지 종류가 있다(이름은 특별한 의미가 없다). 중성자와 양성자는 3개의 업쿼크, 다운쿼크로 이루어져 있으며, 그 구성은 서로 다르다. 다른 입자들은 쿼크의 쌍으로 이루어져 있다.

특이점 어떤 물리적 성질이 무한대가 되는 시공간상의 점으로서, 현재의 이론들이 적용되지 않는다. 블랙홀을 다룰 때 자주 등장하는데, 블랙홀의 중심이 특이점이며 이곳에서는 중력장이 무한대가 된다.

영점에너지

ZERO POINT ENERGY

30초 저자
앤드류 메이

관련 주제
하이젠베르크의 불확정성
원리
51쪽

양자장이론
67쪽

3초 인물 소개
헨드릭 카시미르
1909~2000
닐스 보어, 볼프강 파울리
의 조수로 일했던 네덜란
드의 물리학자.

로버트 포워드
1932~2002
미국의 물리학자이자 항
공우주 엔지니어. 공상과
학 소설가로도 활동.

하이젠베르크의 불확정성 원리에 따르면, 물체의 온도가 절대영도로 내려가더라도 물체 내부의 원자의 위치가 고정되는 동시에 속도가 0이 될 수는 없다. 이는 모든 양자계가 더 이상 낮아질 수 없는 최소의 에너지를 갖게 됨을 의미하며, 이를 '영점에너지'라고 한다. 일반적으로 알려진 상식과는 달리 진공상태도 영점에너지를 가진다. 그래서 진공상태는 텅빈 공간이 아니다! 진공상태의 공간은 '가상입자'들이 끊임없이 생성되고 소멸되는 변화무쌍한 바다와 같다. 진공 공간에 얼마나 많은 에너지가 있는지는 아직 정확하게 알려져 있지 않다. 그 양이 엄청나게 크다고 주장하는 이론물리학자들도 있고, 우주의 거시적 구조에 대한 관측데이터 중에는 그보다 양이 훨씬 적음을 암시하는 것들도 있다. 이처럼 크기에 대한 논란은 있지만, 진공상태에 영점에너지가 실제로 존재한다는 실험적 증거로 카시미르 효과가 자주 거론된다. 카시미르 효과는 진공상태에서 아주 가까이 있는 금속판 사이에서 인력이 발생하는 현상으로서, 1948년에 물리학자인 헨드릭 카시미르가 이론적으로 예견했고 그 후 실험을 통해 사실로 입증되었다. 그런데 카시미르 효과가 영점에너지의 존재를 입증하는 현상이라는 주장에 이견은 없을까? 카시미르 자신은 그렇다고 확신했지만, 이 효과의 발생원인에 대해서는 또 다른 설명도 제시되고 있어서 여전히 미결의 문제로 남아 있다.

3초 요약
하이젠베르크의 불확정성 원리에 따르면 텅빈 공간은 없다. 진공에서조차도 가상입자들이 득실거리고 있다.

3분 보충
진공 속에 있는 영점에너지를 추출해서 사용하면 전 세계의 에너지 문제를 해결할 수 있을까? 대다수의 물리학자들은 불가능한 일이라고 말한다. 최소의 에너지 상태인 곳에서 어떻게 영점에너지를 뽑아낼 수 있겠는가? 그럼에도 불구하고 물리학자인 로버트 포워드는 1984년에 '진공요동배터리'의 작동원리를 보여주기 위해 카시미르 효과에 관한 사고실험을 제안했다. 하지만 아마도 이 시스템은 생산하는 에너지의 양보다 더 많은 에너지를 소모하게 될 것이다.

카시미르 효과에 따르면, 진공 속에서 아주 가까이 있는 두 개의 금속판은 서로 끌어당기는 현상이 나타난다.

초전도체

SUPERCONDUCTORS

30초 저자
브라이언 클레그

3초 인물 소개
헤이케 카멜링 온네스
1853~1926
최초로 헬륨을 액화하여
수은의 초전도성을 발견
한 네덜란드 물리학자. 저
온에서의 물질의 성질을
연구한 공로로 1913년에
노벨물리학상을 수상.

존 바딘
1903~1991
리언 쿠퍼
1930~
존 슈리퍼
1931~
초전도성의 이론적 근거
를 밝힌 공로로 1972년에
노벨물리학상을 공동으로
수상한 미국 물리학자들.

1911년 네덜란드의 물리학자인 하이케 카멜링 온네스는 아주 낮은 온도에서 수은의 성질이 어떻게 변하는지를 연구하고 있었다. 놀랍게도 온도가 4.2K(-268.95℃)에 이르자 수은의 전기저항이 저절로 사라졌다. 이 물체에 전류를 흘리면 물체의 온도가 충분히 낮은 저온을 유지하는 한 전류는 계속 흐르게 될 것이다. 이것이 곧 '초전도체'이다. 초전도성은 1950년대에 이르러서야 미국의 물리학자인 존 바딘, 리언 쿠퍼, 존 슈리퍼에 의해 그 원인이 규명되었다. 그들은 저온에서 전자들이 쿠퍼쌍, 즉 두 개의 전자가 서로 결합하여 하나의 보스입자를 형성하는 현상이 나타남을 발견했다. 정상적인 전자는 페르미입자(페르미온)로서 동일한 위치와 상태에 하나의 입자만 존재할 수 있는 반면에, 쿠퍼쌍이나 광자와 같은 보스입자들은 동일한 상태에 여러 개가 존재할 수 있다. 극저온에서 쿠퍼쌍들은 모두 '응축'상태가 되어 하나의 집단으로 형성된다. 그래서 도체 내에서 이동하는 개별 전자와는 달리 물체 내의 원자에 의해 저항을 받지 않는 단일 물질이 되는 것이다. 초전도체는 MRI 스캐너, 대형 강입자충돌기와 같은 입자가속기에 사용되는 강력한 자석을 만드는 데 쓰인다. 또한 초전도체는 자기장이 내부로 침투하는 것을 막는 성질이 있기 때문에, 자석이 초전도체 위로 '부상'하는 마이스너 효과도 만들어낸다.

3초 요약
극저온에서 일어나는 전자의 양자적 성질의 변화는 전지저항이 없는 전류의 흐름을 만들어내며, 이는 아주 강력한 전자석을 만드는 데 이용된다.

3분 보충
쿠퍼쌍은 아주 낮은 온도에서만 형성되며, 30K(-243.15℃) 이상의 온도에서는 초전도성이 사라지는 것으로 알려져 왔다. 하지만 1980년대 이후에 135K(-138.15℃)까지 유지되는 '고온' 초전도체가 만들어졌으며, 상온상태의 초전도체도 만들어질 수 있다는 희망적인 얘기도 나오고 있다. 고온 초전도체는 전자의 스핀과 관련성이 있는 것으로 추정되고 있지만, 정확한 원인은 아직도 규명되지 못하고 있다.

초전도 자석은 자기부상효과를 만들어내며,
입자가속기의 강력한 자기장을 만드는 데 사용되고 있다.

초유체

SUPERFLUIDS

30초 저자
알렉산더 헬레만

관련 주제
초전도체
143쪽
보스-아인슈타인 응축
147쪽

3초 인물 소개
헤이케 카멜링 온네스
1853~1926
극저온 상태의 물질을 연구하고 냉각기술의 개발을 선도한 네덜란드의 물리학자.

표트르 카피차
1894~1984
초유동성을 발견한 러시아 물리학자로 1978년에 노벨물리학상을 수상. 유사한 업적을 세운 캐나다 물리학자인 존 앨런과 도널드 마이스너는 노벨상을 수상하지 못했다.

초전도현상을 발견한 헤이케 카멜링 온네스는 또한 헬륨을 최초로 액화한 물리학자였다. 그는 1911년에 2.17K(-270.98℃) 이하의 온도에서 헬륨 액체의 열전도성이 급격하게 증가하는 현상을 발견했다. 온도를 변수로 하는 열전도도의 함수는 그래프의 모양이 램다(λ) 형태이기 때문에, 이 온도에는 램다점이라는 이름이 붙여졌다. 이 현상의 원인은 1938년에 이르러서야 러시아의 물리학자 표트르 카피차와 영국의 물리학자 존 앨런, 도널드 마이스너에 의해 밝혀졌다. 그들은 램다점 이하의 온도에서 헬륨의 점성이 완전히 사라지는 현상을 발견했는데, 이는 금속에서 나타나는 초전도현상의 경우와 공통점이 아주 많다. 초전도의 경우 전자들이 쿠퍼쌍을 형성하여 보스입자(보손)가 되면서 전기저항이 사라진다. 이와 유사하게 헬륨-4 원자들도 모든 원자들이 동일한 파동함수를 공유하기 때문에, 보스-아인슈타인 응축(BEC)이 형성되어 역학적 마찰이 모두 사라지게 된다. 헬륨-3 원자는 페르미온들로 구성되어 파울리의 베타원리를 따르기 때문에 보스-아인슈타인 응축(BEC)이 형성될 수 없지만, 절대영도(-273.15℃)에 근접하는 0.002K로 냉각되면 역시 초유체가 될 수 있다. 헬륨-3이 초유체가 되는 메커니즘도 초전도성이 발생되는 경우와 아주 유사하다. 즉 헬륨-3의 원자들이 짝을 형성하여 보손처럼 거동하게 되는 것이다.

3초 요약
초유체현상은 육안으로 볼 수 있는 양자효과의 유일한 사례다. 초유체는 마찰이 없기 때문에 한 번 휘저으면 영원히 회전하게 된다.

3분 보충
초유체가 된 헬륨은 탈출마술의 1인자인 '후디니'에 비견할 수 있다. 마찰이 완전히 사라졌기 때문에, 유리 용기의 테두리를 넘어 나오기도 하고 원자 수 개 정도의 아주 작은 구멍도 빠져나올 수 있다. 헬륨 초유체는 1983년에 쏘아올린 적외선 천문위성의 망원경을 냉각시키는 물질로 처음 사용되었다. 여기서 헬륨은 망원경의 온도를 1.6K(-271.55℃)로 유지시키는 역할을 했다.

초유체는 점성이 없기 때문에 한 번 회전을 시작하면 영원히 계속 회전한다.

보스-아인슈타인 응축

BOSE-EINSTEIN CONDENSATES

30초 저자

브라이언 클레그

관련 주제

양자 이중슬릿
35쪽

파울리의 배타원리
61쪽

3초 인물 소개

알베르트 아인슈타인

1879~1955

독일 태생의 물리학자로, 출판 거부당한 보스의 논문을 받아보고 이를 출판하게 했으며, 그 이론을 원자 수준까지 확장.

레네 베스테르가드 하우

1959~

보스-아인슈타인 응축을 이용하여 빛을 감속, 정지시키는 실험을 한 하버드 대학 연구팀원이었던 덴마크 물리학자.

우리는 물질에 고체, 액체, 기체의 세 가지 상태가 있다고 배웠으며, 네 번째 형태인 플라스마—기체와 비슷하나 하전된 이온들로 이루어진 물질—도 다들 익히 알고 있을 것이다. 그런데, 다섯 번째로, 완전히 양자상태인 보스-아인슈타인 응축이 새로 나타났다. 이것은 어떤 원자집단이 절대영도(-273.15℃)에 가깝게 냉각될 때만 형성되는 상태다. 원자는 페르미온—전자나 양성자처럼 각각 다른 상태에 존재해야 하는 입자—이거나, 보손—광자처럼 여러 개가 함께 모여 있을 수 있는 입자—이거나 둘 중 하나다. 보스-아인슈타인 응축은 보손들로 구성되어 있으며, 극저온 상태이기 때문에 대부분의 입자들이 가장 낮은 에너지상태에 있다. 그리고 이 원자집단은 하나의 거대한 양자입자처럼 움직인다. 그래서 이중슬릿 실험에서 나타나는 양자역학적 간섭처럼 통상 개별 양자입자에서만 나타나는 양자현상이 이 거대 원자집단에게서도 나타날 수 있다. 보스-아인슈타인 응축이 발생시키는 초유동성이 바로 그런 효과이다. 보스-아인슈타인 응축은 아직 응용한 사례가 없다. 하지만 이 응축물질은 초유동성을 갖고 있어서 중력의 작은 변화에도 영향을 받으며, 이는 양자간섭 현상에 변화를 주게 될 것이다. 이 점을 이용하면 스텔스 항공기를 탐지해낼 수 있다는 제안이 제기되고 있다.

3초 요약

보스-아인슈타인 응축은 보손기체의 온도를 극저온으로 냉각시켜 얻을 수 있는 물질의 다섯 번째 상태다. 보스입자의 집단은 하나의 양자입자처럼 움직인다.

3분 보충

하버드대학 연구팀은 보스-아인슈타인 응축을 이용해서 빛의 속도를 보행 속도 수준으로 낮췄다. 연구팀은 두 개의 레이저를 보스-아인슈타인 응축상태인 원자구름에 쐈다. 응축물은 불투명하지만, 첫 번째 레이저는 두 번째 레이저가 진로를 헤집어 나갈 수 있는 구조를 만들어내어 빛의 속도를 초속 1미터 이하로 감속시켰다. 그리고 첫 번째 레이저가 점점 위력을 잃을 때 두 번째 빔은 물질 속에 갇혀 정지했으며, 첫 번째 레이저가 다시 가동될 때만 빛이 방출되었다.

상호작용상태에 있는 응축물의 파동함수들은 간섭무늬를 만들어내며, 이 무늬는 중력의 변화에 영향을 받기 때문에 스텔스 항공기를 탐지하는 데 이용될 수 있다.

1894년 1월 1일
인도 콜카타에서 아버지
수렌드라 나트와 어머니
아모디니의 아들로 출생

1913년
콜카타대학을 졸업하다

1917년
콜카타대학에서 강의를
시작하다

1919년
알베르트 아인슈타인의
상대성이론에 관한 논문을
영어로 번역하다

1921년
다카대학의 물리학 조교수가
되다

1924년
양자입자들의 완전한 동일성에
관한 논문(현재 아인슈타인-
보스 통계로 불리는 이론)을
발표하다

1925년
유럽을 여행하던 중 마리
퀴리와 공동연구를 하고
아인슈타인과도 만나다

1926년
다카대학의 정교수가 되고,
물리학과 학과장이 되다

1945년
콜카타대학의 물리학 교수가
되고, 인도 물리학회 회장이
되다

1948년
벵갈과학협회를 창설하다

1954년
인도 상원의원으로 위촉되고,
인도정부로부터 시민에게
수여되는 두 번째로 높은
훈장인 파드마 비부샨을
수상하다

1958년
왕립학회 회원으로 선출되다

1974년 2월 4일
콜카타에서 사망

사티엔드라 나트 보스

사티엔드라 나트 보스는 학생 시절 수학과 물리학에 두각을 나타냈으며 언어도 뛰어났다. 콜카타대학에서 물리학을 강의하던 1919년에 동료 물리학자인 메그나드 사하와 함께 전 세계적으로 유명한 아인슈타인의 상대성이론에 관한 논문을 최초로 영어로 번역했다. 5년 후 30세가 된 보스는 본인도 세계적인 이론을 만들어냈다. 당시 그는 다카대학에서 강의하고 있었다.

1900년에 막스 플랑크는 고온의 물체에서 방출되는 열이 덩어리의 형태, 즉 '양자'로 되어 있다는 이론을 제시했다. 이 이론은 열복사 스펙트럼 상의 에너지분포를 잘 설명했지만, 플랑크가 자신의 이론을 끌어내기 위해 사용한 수학 공식—플랑크법칙—에 대해서는 논란이 많았다. 보스는 다른 방식으로 플랑크법칙을 유도해냄으로써 이 문제를 해결했다. 플랑크가 각각의 양자가 구별될 수 있다고 생각한 반면, 보스는 구별이 불가능하다고 가정했던 것이다. 동종의 양자입자는 구별할 수 없다는 보스의 놀라운 아이디어는 양자이론의 중요한 초석의 하나가 되었다.

보스는 1924년에 쓴 이 논문, "플랑크법칙과 광양자 가설"이라는 제목의 논문을 영국 과학저널에 보내 게재를 요청했는데 거절당하자 다시 아인슈타인에게 보냈다. 아인슈타인은 보스의 논문이 가진 중요성을 단박에 알아차렸다. 그래서 독일어로 번역해서 독일의 학술지 《물리학 저널》에 게재하도록 했다.

이어서 아인슈타인은 보스의 아이디어를 확장시켰는데, 두 학자의 연구결과는 보스-아인슈타인 통계로 알려지게 되었다. 이 통계를 따르는 입자들은 보스의 업적을 기려 보손이라는 이름이 붙여졌다.

아인슈타인은 또한 보스가 유럽 비자를 받을 수 있도록 도움을 주었다. 보스는 파리에서 마리 퀴리와 공동연구를 했고, 베를린에서는 아인슈타인을 비롯하여 하이젠베르크, 슈뢰딩거 등 양자이론의 거장들을 만났다.

보스는 뛰어난 지능에도 불구하고 과학적 연구나 외양은 무질서하게 보였다. 그는 여러 분야를 왔다 갔다 하며 연구했고, 전통 인도복장에 베레모를 쓰고 목도리를 두른 이상한 모습으로 사진을 찍기도 했다. 또한 그는 시와 문학을 공부했고, 인도의 전통 현악기인 에스라지를 연주했으며, 친절하고 예의 바르며 동정심이 깊기로도 유명했다. 보스는 인도가 세계무대에서 경쟁력을 갖기 위해서는 과학을 영어가 아닌 모국어로 가르쳐야 한다는 운동을 전개했으며, 벵갈과학협회를 창설하여 월간으로 과학 학술지를 발간하기도 했다.

보스는 20세기의 물리학의 발전에 크게 기여했으며, 그의 업적은 사후에도 여전히 영향을 미치고 있다. 1995년에는 최초로 보스-아인슈타인 응축이 발견되었는데, 이는 절대영도에 가까운 온도에서 하나의 거대한 원자처럼 거동하는 보스입자들의 집단으로서 초유동성을 보인다.

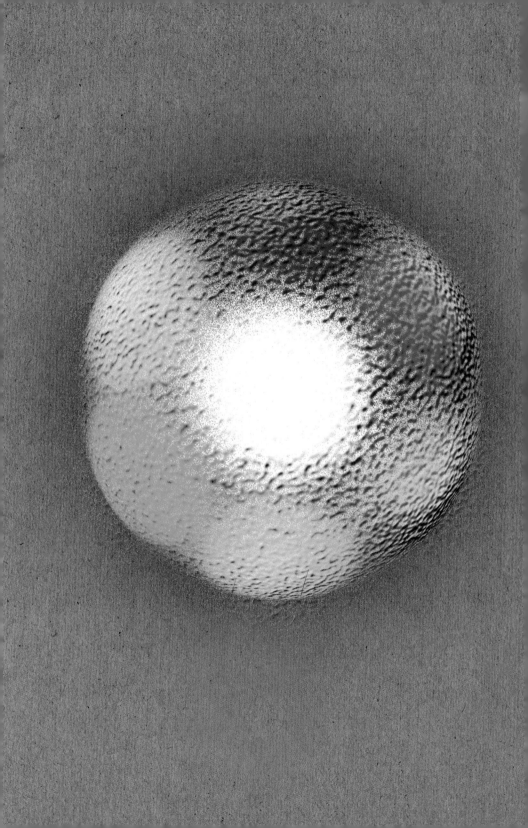

양자색역학

ĐÙQUANTUM CHROMODYNAMICS

관련 주제
양자장이론
67쪽

양자전기동역학
69쪽

3초 인물 소개
데이비드 그로스
1941~
데이비드 폴리처
1949~
프랭크 윌첵
1951~
쿼크들 간의 핵력이 거리가 멀어질수록 강해진다는 점근자유성을 밝힌 공로로 2004년에 노벨물리학상을 공동 수상한 미국 물리학자들.

30초 저자
프랭크 클로우스

3초 요약
쿼크와 글루온이 갖고 있는 색전하는 전기전하와 그 성질이 유사하며, 원자핵을 안정적으로 유지시키는 강한 핵력의 원천이다.

양성자들 사이, 중성자들 사이에 작용하는 강한 핵력의 메커니즘은 1970년대에 이르러서야 비밀의 베일이 벗겨졌다. 즉 양성자와 중성자는 쿼크라는 입자로 이루어져 있다는 사실이 발견된 것이다. 쿼크는 전하를 갖고 있을 뿐 아니라 '색'이라는 별난 이름으로 불리는 또 다른 형태의 전하도 갖고 있다. 색은 여러 개의 쿼크를 묶어주는 힘의 원천이며, 쿼크들이 양성자와 중성자를 형성하고 이들로 다시 원자핵을 형성하는 힘이다. 색전하를 갖고 있는 입자들 사이에 작용하는 힘을 다루는 상대론적 양자이론이 양자색역학(QCD)이다. 이 이론은 전기적으로 하전된 입자와 빛 사이의 상호작용을 다루는 양자전기동역학(QED)과 구조가 유사하다. QED에서 빛은 광자라는 입자들로 이루어져 있는 것으로 취급한다. QCD에서는, 이와 유사하게, 색전하를 가진 입자들과 '글루온'—QED의 광자에 대응하는 입자—의 상호작용을 다룬다. 하지만 광자는 전하도 갖지 않고 서로 독립적으로 움직이는 반면에, 글루온은 색전하를 갖고 있고 이동 중에 서로 상호작용도 한다. 이 때문에 QCD에서 발생되는 힘은 QED의 전자기력과 그 성질이 아주 다르다. 예를 들어 쿼크는 양성자와 같은 입자들 속에 영원히 속박되어 있으며, 독립적으로 존재할 수가 없다. 반면에 색전하를 갖지 않는 전자의 경우에는 얼마든지 원자로부터 벗어날 수 있다.

3분 보충
QCD는 양성자들, 중성자들 간에 작용하는 핵력이 아주 강하고, 아주 짧은 거리에서 작용하는 쿼크들, 글루온들 간의 핵력은 이보다는 상대적으로 약한 이유를 설명해준다. 유럽입자물리연구소(CERN)는 QCD를 이용하여 양성자들 간의 충돌을 구성입자인 쿼크와 글루온의 측면에서 분석했고, 이는 힉스 보손의 발견에 큰 도움이 되었다. 또한 QCD는 글루볼의 존재를 예견하고 있는데, 이것은 쿼크와 반쿼크로 구성된 입자들 속에 숨어 있고 독립적으로 존재할 수 없기 때문에 탐지하기가 어렵다.

양자색역학에서 말하는 색은 흔히 볼 수 있는 색깔이 아니라 전하와 비슷한 성질을 의미한다.

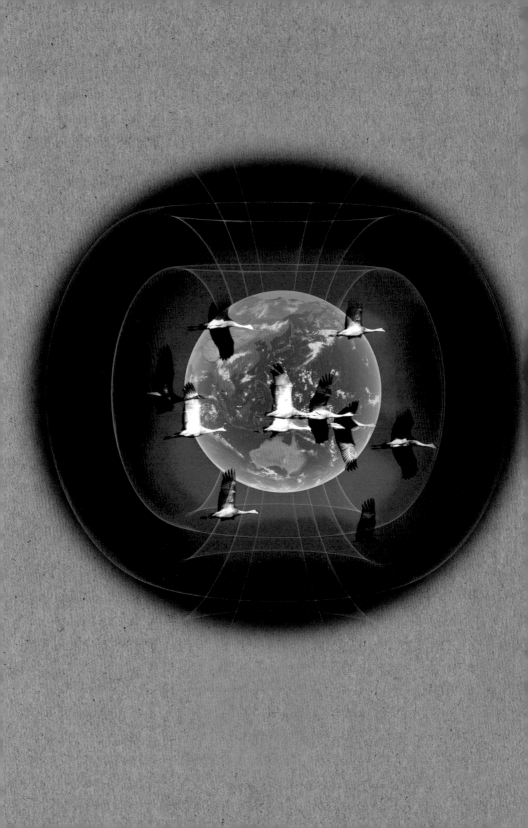

양자생물학

QUANTUM BIOLOGY

30초 저자
필립 볼

관련 주제
양자 터널링
83쪽

3초 인물 소개
그레이엄 플레밍
1949~
2007년 광합성 에너지의 전달과정에서 최초로 양자 결맞음현상을 관찰한 미국 화학자.

폴 데이비스
1946~
우주생물학에서 암의 메커니즘까지 생명에 대해 물리학과 생물학의 양자효과에 관심을 가졌던 영국 물리학자.

자기장을 이용하여 이동방향을 찾는 새들의 능력은 양자효과에서 비롯된 것일 수 있다.

양자효과가 생물학에서도 역할을 할 수 있을까? 표면적으로는 그렇지 않은 것 같다. 양자효과는 파괴되기 쉽고 낮은 온도와 독립적 조건하에서만 나타나는 반면에, 생명체는 따뜻하고 습기가 많으며 복잡하게 얽혀 있기 때문이다. 하지만 양자적 거동은 생물계에서도 분명히 일어나고 있으며 양자생물학이라는 새로운 학문으로 연구되고 있다. 효소에 의해 통제되는 생화학적 반응들은 이온화된 수소원자—1개의 양성자—의 분자 간 이동과 관련되어 있다. 양성자는 아주 가벼워서 분자 간의 에너지 장벽을 양자 터널링에 의해 통과할 수 있다. 이러한 터널링이 우발적으로 발생하는 것인지, 자연선택에 의한 진화의 결과인지는 아직 분명하지 않다. 놀라운 것은, 광합성에 관여하는 광수확분자가 태양빛을 포집할 때, 광합성의 화학반응이 일어난 최초의 장소를 중심으로 양자 결맞음 현상이 나타나서 양자파동의 모든 중첩상태에 에너지가 분포된 것처럼 보인다는 것이다. 결맞음이란, 어떤 입자가 존재가능한 여러 공간에 동시에 퍼져 있을 수 있는 현상을 말하며, 이는 입자의 파동성 때문에 생기는 현상이다. 광합성의 경우 결맞음 현상에 의해 에너지의 운송효율이 크게 증가될 수 있다. 또한 새들은 이동방향을 찾는 데 쓰는 생화학적 나침반을 갖고 있는데, 이것 또한 전자의 양자 얽힘과 관련이 있다. 냄새를 맡는 후각의 분자적 메커니즘도 양자 터널링 현상과 연관이 있다는 의견도 제기되고 있다.

3초 요약
터널링, 중첩상태, 얽힘 등의 양자역학적 현상이 광합성, 새의 이동방향 탐색과 같은 생물학적 프로세스에서도 효과를 발휘하고 있음이 드러나고 있다.

3분 보충
생물학에서 양자효과가 작용한다는 이론은 1990년대에 물리학자인 로저 펜로즈와 의학박사인 스튜어트 하멜로프에 의해 제기되었는데, 현재 많은 논란이 일고 있다. 그들은 미소관이라는 뉴런 속의 단백질 섬유들이 양자 중첩상태에 있으며, 인간의 의식은 여기서 비롯되는 것이라고 주장했다. 그들의 주장에 따르면, 중첩상태에서 일어나는 파동함수의 붕괴가 뇌를 일종의 양자컴퓨터로 만들어서 틀에 박힌 논리법칙으로는 불가능한 해답을 찾을 수 있다고 한다.

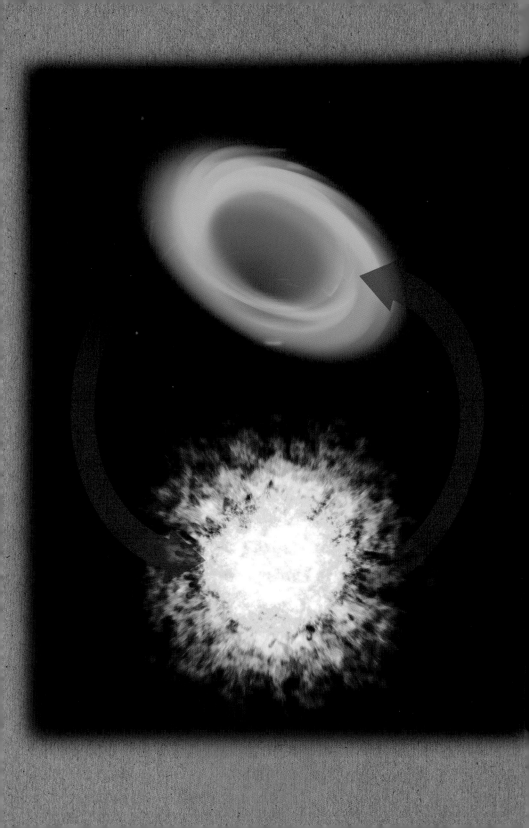

양자중력

QUANTUM GRAVITY

30초 저자
소피 헤든

양자중력이론은 오늘날 물리학계의 최대의 도전적 과제 중 하나다. 물리학의 두 기둥인 아인슈타인의 휘는 공간이론(일반상대성이론)과 원자세계를 다루는 양자이론을 통합하여 원대한 '만물의 이론'을 만들어내는 것이 물리학계의 염원이다. 이 이론이 성공적으로 만들어지면, 우주대폭발의 최초의 순간들을 설명할 수 있게 될 것이며 블랙홀의 중심인 특이점 근처에서 무슨 일이 일어나고 있는지도 알 수 있게 될 것이다. 만물의 이론을 완성하는 것은 쉽지 않은 일이다. 양자이론에서는 시간과 공간을 사건이 일어나는 불변의 배경으로 취급하지만, 상대성이론에서는 시간과 공간이 상대적이다. 그럼에도 불구하고 물리학자들은 여러 가지 접근방법들을 찾고 있다. 그중에서 가장 널리 알려진 것은 끈이론이다. 끈이론은 기본입자들을 더 이상 단단한 물질이나 에너지 덩어리로 보지 않고, 9 또는 10차원의 공간에서 진동하는 작은 에너지고리로 기술한다. 이 이론은 순전히 수학적 발상에 의해 제기된 것으로서 아직 발전과정 중에 있으며, 이를 검증할 수 있는 방법도 없는 상황이다. 또 다른 이론으로는 고리양자중력이론이 있다. 이 이론에 따르면, 공간은 마디와 모서리로 연결된 불연속적인 미세구조를 갖고 있으며 이를 스핀 네트워크라고 한다. 이 마디들이 꼬여서 뒤틀린 고리들을 형성하며, 이것이 기본입자에 해당한다는 것이다.

관련 주제
양자장이론
67쪽

3초 인물 소개
폴 디랙
1902~1984
1932년에 최초로 아인슈타인의 일반상대성이론을 양자화하려고 시도한 영국의 물리학자.

압하이 아쉬테카르
1949~
1986년에 일반상대성이론을 수학적으로 재형식화하여 양자물리의 개념과 통합함으로써, 이 분야의 이론적 발전을 이끈 인도의 물리학자.

3초 요약
양자중력이론들은 일반상대성이론—중력을 공간과 시간의 기하학적 성질로 기술하는 이론—과 원자세계를 다루는 양자이론의 통합을 시도한다.

3분 보충
양자중력에 관한 많은 아이디어들이 시공간의 불연속 구조를 상정하고 있다. 우주의 방대한 거리를 이동하는 입자들에는 이러한 불연속 구조의 효과가 계속 축적되어서 관측될 수 있다. 중력의 양자화 여부는 단위양자—중력자가 발견되면 바로 입증될 것이다. 하지만 중력은 자연의 기본 힘들 중에서 가장 약한 힘이기 때문에, 중력자를 탐지하기 위해서는 블랙홀보다도 더 무거운 탐지기가 필요하다고 주장하는 학자들도 있다.

우주 대폭발과 블랙홀은 중력에 관한 양자이론 없이는 적절하게 설명될 수가 없다.

부록

참고자료

참고도서

*Paradox: The Nine Greatest Enigmas
in Physics*
Jim Al-Khalili
(Black Swan, 2013)

The Many Worlds of Hugh Everett III
Peter Byrne
(Oxford University Press, 2010)

Quantum Theory Cannot Hurt You
Marcus Chown
(Faber & Faber, 2008)

The God Effect: Quantum Entanglement
Brian Clegg
(St Martin's Griffin, 2009)

The Quantum Age
Brian Clegg
(Icon Books, 2014)

Antimatter
Frank Close
(Oxford University Press, 2010)

*The Infinity Puzzle: Renormalisation
and Quantum Theory*
Frank Close
(Oxford University Press, 2011)

Nothing
Frank Close
(Oxford University Press, 2009)

The Quantum Universe
Brian Cox & Jeff Forshaw
(Allen Lane, 2011)

*QED: The Strange Theory of Light
and Matter*
Richard Feynman
(Penguin, 1990)

Computing with Quantum Cats
John Gribbin
(Bantam, 2013)

*Erwin Schödinger and the
Quantum Revolution*
John Gribbin
(Black Swan, 2013)

Beam: The Race to Make the Laser
Jeff Hecht
(Oxford University Press, 2010)

The Amazing Story of Quantum Mechanics
James Kakalios
(Duckworth, 2010)

Quantum
Manjit Kumar
(Icon Books, 2009)

잡지 & 웹사이트

Biography of Sir Peter Mansfield
www.nobelprize.org/nobel_prizes/medicine/
laureates/2003/mansfield-bio.html

The Higgs boson: One year on
By CERN particle physicist Pauline Gagnon
home.web.cern.ch/about/updates/2013/07/
higgs-boson-one-year

Information for the public on the 2001 Nobel
Prize in Physics for Bose-Einstein
condensation from the official website of the
Nobel Prize
www.nobelprize.org/nobel_prizes/physics/
laureates/2001/popular.html

Institute of Physics: Quantum Physics www.
quantumphysics.iop.org

Jim Al-Khalali - Quantum life (video)
www.richannel.org/jim-al-khalili--quantum-
life-how-physics-can-revolutionise-biology

New Scientist 'Quantum World'
topic guide
www.newscientist.com/topic/quantum-world

Quantum physics news
www.sciencedaily.com/news/matter_energy/
quantum_physics/

Robert Peston learns quantum physics
www.brianclegg.blogspot.co.uk/2013/08/
peston-physics.html

Royal Society – why is quantum physics
important?
invigorate.royalsociety.org/ks5/the-best-things-
come-in-small-packages/why-is-quantum-
physics-important.aspx

Scientific American
www.scientificamerican.com/topic/quantum-
physics/

S N Bose Project by
Bose's grandson Falguni Sarkar
www.snbose.org

집필진 소개

앤드류 메이 천문학, 양자물리학부터 군사기술 분야까지 다양한 분야의 기술자문가 및 프리랜서 작가로 활동하고 있다. 1970년대에 케임브리지대학에서 자연과학을 연구했으며, 맨체스터대학으로 옮겨 천체물리 분야의 박사학위를 받았다. 그 후 학계, 정부, 민간기업에서 30년 이상 다방면의 경험을 쌓아오고 있다.

필립 볼 프리랜서 작가인 그는 20년 넘게 《네이처》의 편집자로 지냈다. 옥스퍼드대학교에서 화학 그리고 브리스톨대학교에서 물리학을 공부했으며, 과학 및 대중 매체에 주기적으로 기고하고 있다. 지은 책으로는 『H₂O』, 『브라이트 어스: 색의 발명』, 『호기심: 과학은 어떻게 모든 것에 관심을 갖게 되었나』 등이 있으며, 『물리학으로 보는 사회』는 2005년 과학책을 위한 어벤티스 상을 받았다. 또한 화학을 대중에게 쉽게 풀이한 공로로 미국화학회의 그래디스택 상을 받았으며, 복잡한 과학의 소통에 기여한 공로로 라그랑주 상의 첫 번째 수상자가 되었다.

브라이언 클레그 케임브리지대학에서 실험 물리학을 중심으로 자연과학을 두루 연구하고 있다. 브리티시항공에 첨단 기술의 해법을 제공하고 창의성 전문가 에드워드 드 보노(Edward de Bono)와 함께 일한 뒤 창의성 자문단을 구성하여 BBC로부터 기상청에 이르는 다양한 고객들에게 자문하는 업무를 맡고 있다. 《네이처》, 《타임스》, 《월스트리트저널》 등에 기고하고 옥스퍼드대학교와 케임브리지대학교 및 왕립학회에서 강연을 해왔다. 또한 www.popularscience.co.uk에서 서평을 담당하면서 『무한의 간략한 역사(A Brief History of Infinity)』와 『타임머신 만들기(How to Build a Time Machine)』 등의 책들도 펴냈다.

프랭크 클로우스 영국 옥스퍼드대학의 물리학 교수이자 엑시터칼리지의 선임연구원으로 대영제국4등훈장 수훈자(OBE)다. 영국 과학진흥협회 부회장, 러더퍼드애플턴연구소 이론물리학분과 책임자, CERN의 커뮤니케이션/대중교육 책임자를 지냈다. 물리학 대중화에 기여한 공로로 1996년 물리학연구소가 수여하는 켈빈메달을 받았다. 2007년에는 영국 미디어에서 비전문가를 위한 탁월한 과학 글쓰기 공로로 신젠타상을 수상했다. 2013년 갈릴레오상 후보작에 올랐던 『Neutrino』, 베스트셀러가 된 『Lucifer's Legacy』를 비롯하여 『반물질』, 『보이드』 등 다수의 책을 펴냈다.

레온 클리포드 작가이자 컨설턴트로서 복잡성을 단순화하는 분야에서 전문가. 물리학과 천체물리학의 학사학위를 가지고 있으며, 영국 과학작가협의회의 회원이다. 다년간《일렉트로닉스 위클리》,《컴퓨터 위클리》,《뉴사이언티스트》등 다수의 잡지에 실린 과학적, 기술적 문제들을 다루는 저널리스트로 일했다. 또한 그는 물리학의 전 분야, 특히 기후학, 천체물리학, 입자물리학에 많은 관심을 보이고 있다.

소피 헤든 영국 맨스필드에서 활동 중인 프리랜서 과학작가. 그녀는 어린 두 자녀를 돌보면서 물리학에 관한 저술활동을 병행하고 있다.《뉴사이언티스트》지와 근본질문연구소에 글을 써오고 있으며, SciDev.Net의 뉴스 편집자로 활약했다. 우주공간의 플라스마 물리학 분야의 박사학위와 과학 커뮤니케이션 분야의 석사학위를 가지고 있다.

알렉산더 헬레만《네이처》,《사이언스》,《사이언티픽 아메리칸》,《BBC 포커스》,《가디언》,《뉴사이언티스트》등 다양한 학술 잡지에 물리학, 천문학, 과학과 관련된 글을 쓰고 있는 과학작가. 맥그로힐 과학 기술 백과사전을 비롯한 여러 백과사전과 연감의 출판에 편집자 또는 저자로 참여했다.

샤론 앤 홀게이트 물리학 박사학위를 가진 프리랜서 과학작가이자 방송인.《뉴사이언티스트》,《포커스》를 비롯한 여러 신문과 잡지에 글을 쓰고 있으며, BBC라디오, Myrovlytis Trust에서 방송인으로 활약하고 있다. 인기 있는 아동과학도서인『The Way Science Works』의 공동저자이며, 2003년에는 세계적으로 유명한 과학 논픽션상인 어벤티스 상의 청소년부문 후보에 오르기도 했다. 단독 저술한『Understanding Solid State Physics』는 교과서로 활용되고 있으며, 2006년에는 물리학의 대중화에 기여한 공로로 '올해의 젊은 물리학자'로 선정되었다.

도판자료 제공에 대한 감사의 글

이 책에 실린 그림들의 사용을 친절히 허락해준 아래 개인과 기관들에 감사한다. 우리는 그림 사용을 허락받기 위해 최선을 다했지만, 뜻하지 않게 누락한 경우가 있다면 양해를 구한다.

Bettmann/Corbis: 46쪽, 64쪽, 68쪽.

German Federal Archives: 42쪽.

H. Raab: 112쪽.

Kelvin Fagan/Cavendish Laborayory: 130쪽.

Keystone/Getty Images: 90쪽.

Library of Congress, D. C: 28쪽, 100쪽.

NASA: 60쪽.

Queens University, Belfast: 104쪽.

SSPL/Getty Images: 72쪽.

따로 언급하지 않는 모든 그림은 Shutterstock, Inc./www.shutterstock.com과 Clipart Images/ www.clipart.com에서 제공해주었다.

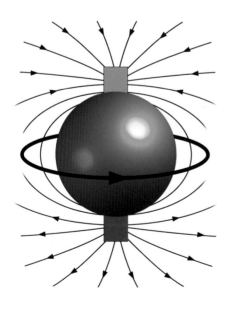

찾아보기

**개념 잡는 비주얼
양자역학책**

1판 1쇄 펴냄 2018년 1월 10일
1판 2쇄 펴냄 2019년 7월 22일

지은이 필립 볼, 브라이언 클레그 외 6인
옮긴이 전영택

주간 김현숙
편집 변효현, 김주희
디자인 이현정, 전미혜
영업 백국현, 정강석
관리 오유나

펴낸곳 궁리출판
펴낸이 이갑수

등록 1999년 3월 29일 제300-2004-162호
주소 10881 경기도 파주시 회동길 325-12
전화 031-955-9818 | **팩스** 031-955-9848
홈페이지 www.kungree.com | **전자우편** kungree@kungree.com
페이스북 /kungreepress | **트위터** @kungreepress

ⓒ 궁리, 2018.

ISBN 978-89-5820-504-3   03420
ISBN 978-89-5820-299-8   03400(세트)

값 13,000원

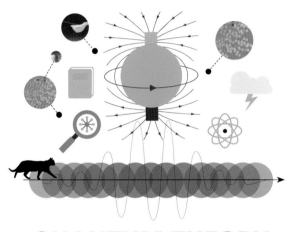

QUANTUM THEORY